视觉之旅

奇妙的化学反应（彩色典藏版）

[美] 西奥多·格雷（Theodore Gray） 著
[美] 尼克·曼（Nick Mann） 摄

陈晟 孙慧敏 宫珏 译
丁雪 刘子宁 审校

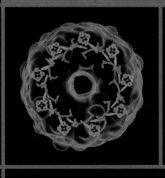

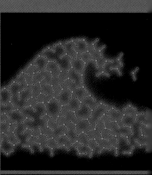

人民邮电出版社
北京

图书在版编目（CIP）数据

视觉之旅. 奇妙的化学反应：彩色典藏版 /（美）西奥多·格雷（Theodore Gray）著；（美）尼克·曼（Nick Mann）摄；陈晟 孙慧敏 宫珏 译. -- 北京：人民邮电出版社，2019.5
ISBN 978-7-115-50654-2

Ⅰ.①视… Ⅱ.①西… ②尼… ③陈… ④孙… ⑤宫…
Ⅲ.①化学反应—普及读物 Ⅳ.① O643.19-49

中国版本图书馆 CIP 数据核字 (2019) 第 019508 号

版 权 声 明

◆ 著　　　　　[美]西奥多·格雷（Theodore Gray）
　　摄　　　　　[美]尼克·曼（Nick Mann）
　　译　　　　　陈　晟　孙慧敏　宫　珏
　　审　　校　　丁　雪　刘子宁
　　责任编辑　　刘　朋　韦　毅
　　责任印制　　陈　犇
◆ 人民邮电出版社出版发行　北京市丰台区成寿寺路11号
　　邮　　编　　100164　电子邮件　315@ptpress.com.cn
　　网　　址　　http://www.ptpress.com.cn
　　北京富诚彩色印刷有限公司印刷
◆ 开本：889×1194　　1/20
　　印张：11　　　　　2019年5月第1版
　　字数：430千字　　2025年1月北京第30次印刷
　　　　　著作权合同登记号　图字：01-2017-7885号

定价：69.80 元
读者服务热线：(010)81055410 印装质量热线：(010)81055316
反盗版热线：(010)81055315
广告经营许可证：京东市监广登字 20170147 号

内容提要

作为大家期盼已久的西奥多·格雷的"化学三部曲"的第三本书,《视觉之旅:奇妙的化学反应》(彩色典藏版)艺术性地探索了分子之间是如何互相作用,发生化学反应,从而塑造了我们的世界,并让它变得生机勃勃的。

西奥多·格雷从《视觉之旅:神奇的化学元素》和《视觉之旅:化学世界的分子奥秘》开始,并在《视觉之旅:奇妙的化学反应》中,完成了对化学世界的探索之旅。在《视觉之旅:神奇的化学元素》之中,格雷先生给读者呈现了周期表中的 118 种元素,那是一幅你从未见过的、引人入胜的画卷。他向我们展示了元素如何连接起来,形成组成我们这个世界的各种物质——从食盐到肥皂等各种我们身边的东西,图书设计得五彩斑斓、精彩纷呈。接着,我们读到了《视觉之旅:化学世界的分子奥秘》,格雷和摄影师尼克·曼精心安排了惊艳的照片,格雷用他那广受欢迎的讲故事的方式,阐释了分子之间是如何相互作用的,我们这个世界的本质又是什么。

本书是格雷的"化学三部曲"的收官之作,也是这些年来格雷用他那独特而愉快的方式给我们讲述化学的终章。本书集化学背后的故事与震撼的图片于一体,先简要回顾了元素和分子的基本概念,然后解释了与他所钟爱的化学反应类型相关的基本概念,如能量、熵和时间。在本书中,我们可以看到颜色和火焰中的化学反应,还可以看到我们身边、厨房、实验室以及工厂中的一些化学反应。

本书适合任何想要领略物质世界奥秘的人士阅读。

译者序

很荣幸，再次参与了格雷先生著作的翻译。实际上，这本书属于他的"化学三部曲"，其中上一部《视觉之旅：化学世界的分子奥秘》也是由翻译本书的原班人马翻译的，有幸得到了读者的肯定，并获得了"第八届吴大猷科学普及著作奖翻译类佳作奖"，我们总算没有辜负格雷先生的厚望和编辑的辛勤努力。

本书作为《视觉之旅：神奇的化学元素》《视觉之旅：化学世界的分子奥秘》的后续作品，也算是"化学三部曲"的收官之作。如果说《视觉之旅：神奇的化学元素》讲的是这个美丽世界是由什么东西组成的，《视觉之旅：化学世界的分子奥秘》说的就是这些东西是"如何组成"这个美丽世界的，而本书更进一步指出了"世界为什么会这样组成"，告诉我们在五彩缤纷的表象背后默默主宰一切的逻辑是什么。

本书的读者对象包括在校学生和化学爱好者，甚至对于专业的化学人士而言，翻阅本书也是有所裨益的，你往往能在不经意间发现一些惊喜。比如，对于"爆炸"问题，中学、大学的教科书里的解释都会强调"物质在有限的、密闭的空间内剧烈燃烧并放出大量气体"，但本书用一个生动的例子纠正了这个误解：哪怕是在开放空间内，爆炸依然能够发生，问题的关键不在于产生了多少气体，而在于反应的速度——这一点，连我们都没有想到。对于从事中学化学教育、科学教育、青少年 STEM（科学、技术、工程、数学）教育的老师而言，本书也是一本非常好用的参考书、一个实用的案例库。

因此，我们热忱地向读者推荐本书。尽管大多数人在高中之后就不会再学习化学课程，但这并不妨碍他们阅读、理解本书的内容，因为格雷先生的作品总是深入浅出，用丰富的例子解释抽象的概念。看过本书，再回头看看周围的世界，相信你会有完全不同的认识，就像《黑客帝国》中的尼奥一下子认清了世界的本源。

本书由陈晟（化学博士、西华大学讲师）、孙慧敏（果壳网科学编辑）和宫珏（果壳网科学编辑、公众号 @ 酷炫科学的运营者）翻译，由丁雪（化学博士、新药开发工程师）和刘子宁（化学博士、新药开发工程师）审校，人民邮电出版社的韦毅编辑负责全书的策划和有关编辑工作。希望我们的努力能够得到各位读者的认可。翻译上难免会有疏漏，全体译者诚恳接受各位的批评指正，若有任何问题，请发送邮件至 liupeng@ptpress.com.cn。

再次感谢读者能选择本书，并感谢格雷先生为我们提供了如此优秀的作品。

陈　晟

2018 年 11 月 22 日，于成都红光镇

作者序

几年前，我曾经在位于合肥的中国科学技术大学做过一个讲座。在讲座后的提问环节，一个学生向我展示了一本翻得很旧的书，那正是我写的《视觉之旅：神奇的化学元素》。他告诉我，他之所以决定报考这所大学并攻读化学专业，就是因为他在小时候看过这本书。不消说，对于一个作者而言，最大的成就感莫过于听到自己的书给别人带来了积极的影响。在地球的另一边，我的书曾改变了一个年轻人的人生轨迹，这是我永远难忘的事情。

这件事还让我意识到，《视觉之旅：神奇的化学元素》这本书已经出版很久了，我必须尽快完成我在十年前就制订的计划——写完这套"化学三部曲"。看第一本书的孩子，如今都长大成人了。对我而言，这个旅程的终点就是《视觉之旅：奇妙的化学反应》的出版。在它之前，则是《视觉之旅：化学世界的分子奥秘》一书。而现在你手里拿着的这本书，就是这个三部曲旅程在中国的目的地。

我之前曾来过中国，但真正和中国建立联系则是在《视觉之旅：神奇的化学元素》一书中文版出版之后。近年来，我每次来中国待的时间越来越长。在我的家乡，年复一年，似乎没有什么明显的变化。但我在每隔一两个月之后再次访问北京时，总会发现又出现了一些新的东西。

中国是这个地球上最有活力、变化最大、改变最快的地方。因此，《视觉之旅：奇妙的化学反应》这本书能在中国面世，也是非常令人激动的事情。我之前的两本书讨论的是静态的事物。对于元素，总体来说，它们是永恒不变的，无论把它们连接成什么样的临时性结构，它们都会一直待在那儿。

然而，化学反应恰好相反。正如中国一样，它们充满活力、日新月异而不故步自封，总是努力奔向未来。我希望我的这本关于令人激动的化学世界的书能够在它天然的故乡——中国找到更多的知音。我也深深地感谢我的出版商、编辑和译者们，感谢他们让这本书呈现在中国读者面前。

西奥多·格雷

目　录

引 言

　　2008年，我开始动笔写作《视觉之旅：神奇的化学元素》时就想过要创作"化学三部曲"：《视觉之旅：神奇的化学元素》《视觉之旅：化学世界的分子奥秘》《视觉之旅：奇妙的化学反应》（编辑注：前两本书已经由人民邮电出版社出版）。这3本书放在一起，就是一部通往化学世界的指南。你可以从元素开始认识世界，因为万物都是由元素组成的。然后，你把元素拼在一起，就形成了分子。再然后，你把这些分子送进一个纳米尺度的"搏击俱乐部"里进行反应。从写第一本书到现在算起来都有10年了……10年啊！不过，现在这套"化学三部曲"总算要完成了。在完成本书的日子里，在将这些文字付诸笔端的生活之中，我感觉自己被转化成了许许多多个分子，那些我们在书里正在讨论的分子。我的孩子们都已长大，我的头发也日渐稀少。但这是值得的！我希望你们看到这3本书时能和我一样感到愉快。

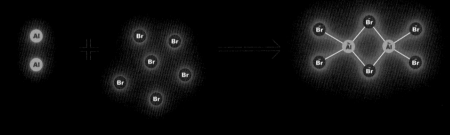

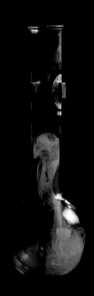

　　编辑提示：本书中提及的实验都伴有不同程度的危险，可能给自己和他人带来人身伤害。非专业人士请勿模仿！！！

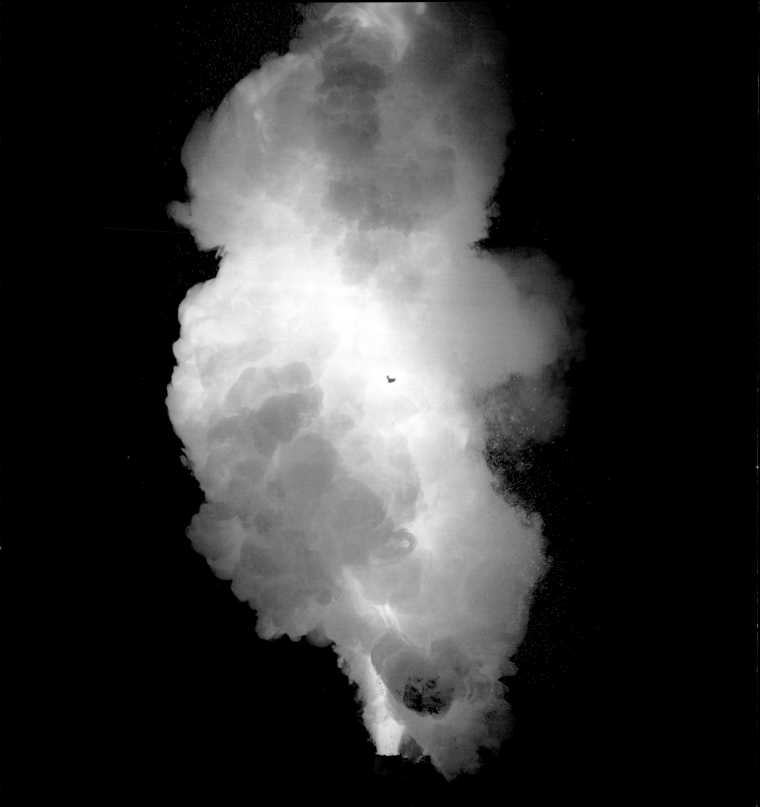

1

化学是魔法

敬畏自然很重要，但不被世间的能量和力量所迷惑也同样重要，因此我们要学会如何去理解它们、控制它们。

把两块强磁铁彼此推挤在一起，感受它们之间那种虽不可见却又彼此排斥的力量吧。如果手边有的话，现在就去尝试吧。当你遇到了某个神奇的机会，同时握住两块磁铁就会和握住单独的一块磁铁完全不同。当你感觉世界充满神奇并为事物为何这样而感动的时候就回过头来思考一下。

请注意以下事实：磁铁只不过是普通的小东西，我们知道磁性是怎样作用的以及怎么制造磁铁。天然磁铁是来自另一个世界的物体，比如月球的岩石或其他星球的碎片。它们造访了人类世界，给我们带来了它们故乡的力量和知识。

不过，它们的家可不是另一个星球，而是另一个尺度。在非常小的微观世界里，原住民就是量子化的力量，它可以控制自然界中的物质和力量。

量子化的磁力存在于世间万物之中，也存在于古往今来的任何时间尺度上。不过，通常它们的作用方向不同，彼此抵消了，隐藏在我们的视野之外。但是，当我们创造出了一块强磁铁时，我们就把大量单独的量子化的力量聚拢在同一个方向上，从而把这种令人惊讶的力量带到了我们的世界里，这就是为什么我们会感觉磁铁在把我们的手推开或拉近。

而量子所处的这个微观世界同样也是化学的地盘。我们点燃一把火，或者一片树叶变黄了，这些都是大量（多得超乎你的想象）的原子共同作用而创造出的在人类世界的尺度上能够看得到的效应。

在这一章里，我们就要探索这个世界。

来，看看荧光棒吧！当你弄碎荧光棒中的一颗小胶囊之后，两种溶液混合在一起，突然整个荧光棒就开始发光了！这怎么可能呢？虽然在每个便利店都能买到这种东西，它比一瓶水还便宜，但我猜，你也曾经为这种东西的神奇感到惊讶。

光是从哪里来的呢？

光是由数量惊人的光子所组成的，光子携带着能量，以光速飞行。制造光子有许多种方法，而荧光棒里发生的事是其中最复杂的方法：每一个光子都是由一个一次性的化学机器亲手打造出来的。

我们从零开始设计和制造了这些机器，所以我们当然知道它们是怎样工作的，我也可以解释给你听。（如果你发现我的解释里有很多自己不熟悉的词语的话，不必担心，我将在本书稍后的部分再解释它们。）

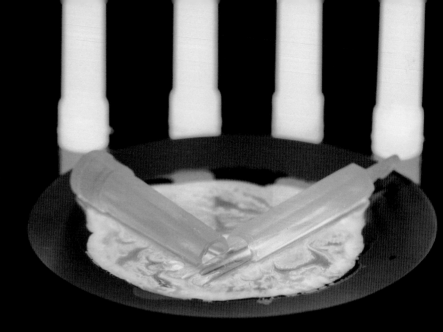

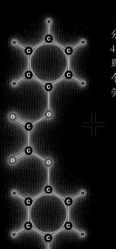

◁ 荧光棒发光的机制始于草酸二苯酯分子，这种分子有一个不寻常之处：4 个氧原子分布在分子中心，其他原子则如镜像一般对称排列。无数个和这个分子长得一模一样的分子就保存在荧光棒外层的溶液之中。

△ 当内部的小胶囊破裂之后，其中的双氧水就会和个头较大的草酸二苯酯分子相混合。

△ 当两个分子相遇时，化学反应就发生了。双氧水的分子结构会被破坏，而草酸二苯酯的分子也被从中撕开。

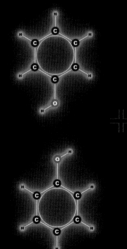

△ 草酸二苯酯的两个"翅膀"变成了两个一样的分子。不过，我们要注意的不是它们。

△ 这个小分子是一个中间体，叫作 1,2- 二氧杂环丁烷二酮，它会把反应向前推动。在这个分子里，那个四四方方的环很不寻常，意味着高度的紧张。它就像一个被压缩、盘曲起来的弹簧，随时准备释放其中储存的能量。

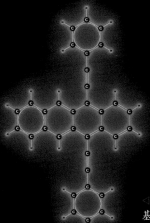

◁ 这个分子叫作 5,12- 二（苯基乙炔基）萘并萘，是一种染料的成分，因为它的分子的能级恰好和橙色光的能量等级一致，所以它被用来制造黄色荧光棒。当一个染料分子与一个高度紧张的 1,2- 二氧杂环丁烷二酮分子相互作用时，1,2- 二氧杂环丁烷二酮分子就被破坏了（转化为二分子的二氧化碳），染料分子则被推到了一个更高的能级，也就是激发态。当染料分子又回到正常状态时，多余的能量就以光子的形式释放出来，产生橙色的光。

△ 1,2- 二氧杂环丁烷二酮

◁ 5,12- 二（苯基乙炔基）萘并萘

▷ 激发态的 5,12- 二（苯基乙炔基）萘并萘

△ $2CO_2$

想要通过化学机制产生光线，你需要一种能够吸收、释放光子的分子，这种光子的能量范围还必须在可见光的范围之内（若能量太低，光子则变成了不可见的红外线；若能量太高，则产生不可见的紫外线）。

在这个反应中，染料分子可以无限次反复使用，但其他的分子只能使用一次，这是因为它们的结构被破坏，提供了制造光子所需的能量。这台精密的化学机器的工作，就仅仅是为了产生一个单独的光子。如果还需要产生其他的光，就必须使用另一套分子。

在1秒内，一根普通的荧光棒可以激活和破坏掉10 000 000 000 000 000台这样的化学机器，来产生我们看到的光。

这真的是魔法吗

一部手机。从它的外部来看，你很难说出它的各个部分是怎么工作的，就算你把它拆了，依然说不清楚。

这一章的标题是"化学是魔法"，但我只告诉了你一个特定的化学魔法是怎么发生的。难道因此就不能把它叫作魔法吗？

我喜欢用"魔法"这个词来形容化学，就像形容魔术舞台上的表演那样。魔术之所以被称为魔术，就是因为你不知道它的秘密在哪里时，它所展现出来的看起来都是超自然现象。有些人喜欢这种未知的神秘感，但我总是觉得，搞清楚这个把戏比观看表演更能让自己满足。与一次表演呈现的效果相比，表演所需的智慧和技巧更有趣。

古代的巫师和今天的专业魔术师们小心谨慎地保护着他们的秘密，因为这是商业上必须考虑的事情。如果每个人都知道他们的把戏是怎么回事，那么他们的饭碗也就丢了。科学则恰恰相反。当科学家们发现了一个特别巧妙的把戏，比如一件看似不可能的事情突然变成了现实，他们就想向全世界宣告此事。

而我（绝对是站在科学阵营里的）迫不及待地想要告诉你身边发生的所有那些巧妙而无形的化学魔法的秘密，但这并不会降低它们的神奇程度。这只是意味着，你有机会给别人讲讲这些把戏是怎么变出来的。比如，下次看到某人在挥舞荧光棒时，你就可以告诉他们，棒子里的这些微小的化学机器正在制造光子，而且每次仅制造一个。

任何足够先进的技术，看起来都很像魔法。

——亚瑟·克拉克

100年前的机器的工作原理都是很容易理解的，它们所有的活动部件都在运动，你也可以将其拆分成几部分。这些机器很神奇，但你可以很容易地看出它们并不是魔法。

但是，假设你把一部手机拿给一个从蒸汽时代穿越过来的人看，他肯定会觉得自己看到了魔法，对不对？

即便在今天，你也依然看不到那些让手机看起来像魔法的东西是如何工作的。它们的运行机制中的每一部分都是不可见的。如果你把一部手机拆散，你所看到的不过就是一个嵌着各种金属元件的小塑料板而已。把芯片单独拿出来看，也是看不出它里头有什么有趣的东西的。所有这些有趣的事情发生在比可见光的波长还要小的电路之中。

那些部件小到肉眼看不见的"魔法般的机器"，是现代发明的产物；化学也一直是以这种方式进行的，它的反应机制从来都是完全不可见的。今天，化学只是看起来像魔法，但我们知道它实际上并不是。在远古时代，没有一个人知道它是如何运作的，这就给神秘学的胡闹和严肃科学的研究都留下了许多空间。

在这台漂亮的老式机器里，每一个部件都是看得到的。只要仔细看看，你就可以清楚地看出它是怎么工作的。

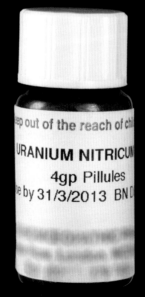

莎士比亚戏剧《麦克白》中的3位女巫，丹尼尔·戈登作。

远古时代的魔法大部分是化学反应

一些人将古代的"神秘知识"小题大做，将其视为打开巨大力量的钥匙，认为它们已经失落在现代世界的快餐和愚蠢的电视节目之中了。而事实是：以现代人的眼光来看，这些神秘的知识要么非常简单，要么明显就是错误的。从一份报纸的周末版上获得的有意思的信息都比从那些古老的神秘之书里获得的还要多。

有趣的是，我发现远古时期许多被认为是魔法和神秘学知识的东西中，有很多其实就是化学，或者至少是化学上的尝试。所有古代魔法的工作原理实际上也都是化学。确切地说，没有一个符咒或者咒语真的在发挥作用，但有一些药剂真的会起作用。

起作用的那部分药剂就逐渐演变成了现代化学，而没有起作用的那部分则继续待在江湖郎中兜售的"保健药品"、顺势疗法和各种"逆生长"的化妆品里，而且至今依然很流行。

蟾蜍的眼睛，青蛙的脚趾，蝙蝠的毛发，狗的舌头，蝮蛇的叉状舌头，盲蠕虫的刺，蜥蜴的脚，再加上枭的翅膀，（这副药剂）拥有强大的魔力，就像地狱中的汤锅在翻腾。

——威廉姆·莎士比亚

这并不复杂，把一大堆听起来很奇特的东西混在一起煮一会儿，并照着咒语书念上几句咒语，然后就可以期待它们变成一锅强有力的药剂了。然而，无论它们闻起来有多臭，也不管你曾多么专业地吩咐黑暗之力把它们变得为你所用，用蟾蜍之眼制造的药剂就是没用。

幸运的是，并不是每个古人都抱着这种一厢情愿的想法来制造药剂。他们中的一些人明白，自然是非常挑剔的，它根本不关心你的请求是怎样的。这些人知道，如果要想获得有功效的药剂，他们就必须发奋努力来研究这个世界，一旦有了幸运的发现，就锲而不舍地深入研究，努力尝试各种各样的方法，直到某个组合能够带给他们一些有趣的结果。换句话说，在"科学"这个词还没发明之前，这些人就已经算是科学家了。

巫婆捣鼓的这些药水，在现代有一个相当商业化的例子，那就是所谓的"顺势疗法药物"。生产商列举出了一大堆奇怪的成分，但实际上"药物"里根本不含有这些东西（这在美国是合法的，因为一条愚蠢的法律准许这类特殊的产品撒谎）。为了"正确"地得到这些成分，制造商不得不将其稀释多次，而且每次稀释时，还得在特定的方向上震动、轻敲一定的次数。这些全都是瞎扯。如果没有这么多的人被敲竹杠，损失不是如此之大的话，这件事听起来倒还是蛮有趣的。

黑火药的成分：木炭（黑色）、硝石（白色）和硫黄（黄色）。

如果你随意挑选3种粉末并将它们混在一起，结果不会有任何特殊的事情发生。然而，如果你选择的是3种特定的粉末，比如上图中这些白色的、黑色的和黄色的粉末，然后以适当的比例将它们混合起来，你就得到了一种有魔力的物质。结果就是它会按照你的旨意征服你的敌人，或者用地狱的烈火将他们吞没，或者把他们炸上西天。

换句话说，这些就是火药的成分。

火药，就像魔法药剂，而它也确实是有魔力的药剂。它能做出令人惊讶的事情，并能在这个世界上释放出巨大的能量。不过，和魔法药剂不同的是，在混合这3种成分时，你不需要念诵任何傻兮兮的咒语，只要按照正确的方法去混合，它每次就都能奏效。

关键在于，我们通常不会把火药叫作"魔法"，主要是因为它真的能够发挥作用。也因此，新的发明产生了，比如烟花和枪炮。这和巫师们捣鼓的"魔药"是不同的，因为无论对古代还是现代的巫师们来说，"魔药"都是个死胡同。接下来，我们会了解到火药是如何通过一种奇妙的方式组合起来的（参见第134页），以及它更好的替代品是什么（参见第148页）。最后，在第193页，我们将了解火药是如何发挥作用的，其中的化学反应到底是什么。

混合完毕的火药

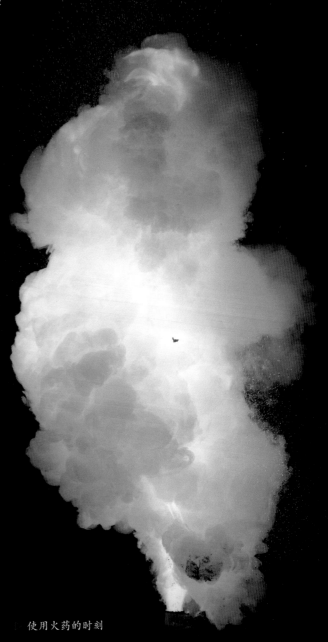

使用火药的时刻

有时候，人们会取笑古代的炼金术士，因为他们痴迷于尝试那些我们知道根本不可能成功的事情，比如把铅转化为黄金，或者寻找长生不老药。不过，这种责备是不公平的，因为那时人们没有搞清楚炼金术士和那个时代的神秘主义者、骗子的区别。

炼金术士们努力工作，以识别和理解那些有魔力的物质（也就是我们说的化合物），把它们拿来做实验，混合在一起，慢慢地朝着他们的目标前进。在揭开化学变化本质的征途上，他们还有很长的路要走，包括去理解"不会变化的元素"的概念（他们对此非常有兴趣，因为他们想找到一个特例，能够让他们用便宜的金属制造黄金）。

他们弄错了很多事情，但同样也做对了很多事情。更重要的是，他们的工作是基于实际来开展的。他们坚信，要通过实验来验证他们的想法，这是一个完全现代的、科学的研究模式。他们笃信证据、研究和确证。18世纪，现代化学作为一个坚实的科学门类拔地而起，它实际上就是建立在炼金术的基础之上的。

△ 《炼金术士》，纳维尔·康维斯·韦斯于1937年作。

◁ 磷在空气中燃烧

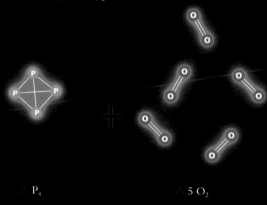

△ P_4 △ $5\,O_2$ △ P_4O_{10}

△ 白磷和氧气（来自空气）之间的化学反应，制造出了一个可爱的三维分子，每个分子含有4个磷原子和10个氧原子。

那些会发光的化合物对炼金术士的吸引力是无穷无尽的。当亨尼格·布兰德在1669年发现磷时，他非常确定地断言，这一定就是制造黄金的关键所在。由于这种物质是他从尿液（嗯，尿液的颜色确实很像黄金）中提取出来的，而且它还会在黑暗中发光，他认为这就能够证明，这种物质从它的起源那儿继承了某种有生命的力量。他是对的，白磷的确是一种强有力的物质，只不过白磷并不具有他希望看到的那种力量。

那些喜欢处理有剧毒、易自燃的物质的化学家们，最喜欢当众演示"磷太阳"现象。下图就是我无畏的同事哈尔·索萨博斯基教授正在进行演示，他将一小片白磷悬浮在一瓶纯氧之中。

亨尼格·布兰德是在德国汉堡工作的时候发现磷的。而图中展示的则是270多年之后汉堡市的样子。在第二次世界大战中，盟军的空军在此投下了数千枚炸弹，其中不少就是白磷燃烧弹。力量本身并无善恶之分。磷是强有力的元素，是拿它来促进植物生长还是用于夷平一座城市，取决于它的使用者。

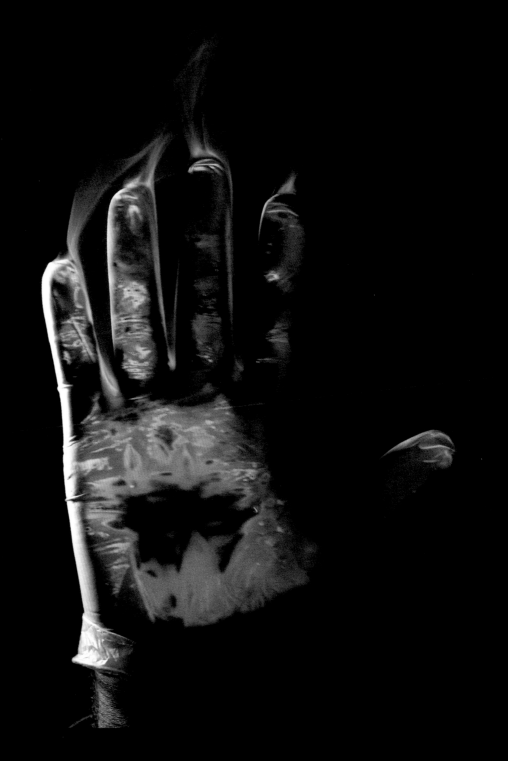

　白磷有剧毒，只要温度比室温
高一点儿，它就会在空气中自发
地燃烧起来。当它在皮肤上慢慢
熔化时，则会发出一种诡异的光
芒。（然而，今天在做这个实验时，
需要非常小心地戴上双层手套。）

石松粉是炼金术士们的最爱，它可以被拿来做一场精彩的表演，或者用来向某位国王证明他们确实有控制自然的神奇力量。抓一把这种粉末，把它们扔进蜡烛的火焰里，就能得到一团爆发的火焰，但火光转瞬即逝，完全不会留下任何烟尘的痕迹。

　　当它被扔到空中时，石松粉的表现几乎就和火药一样，但它实际上只是石松的孢子。它是植物的一部分，而不是几种物质简单混合起来形成的东西。然而，与体积相比，它的表面积大得让人难以置信，使它可以迅速地燃烧，这就让它看起来很像自然界里的化学物质了。

▷　当你看到这种东西的表现时，你就能深切地理解，为什么古人会把它视为真正的魔法了。

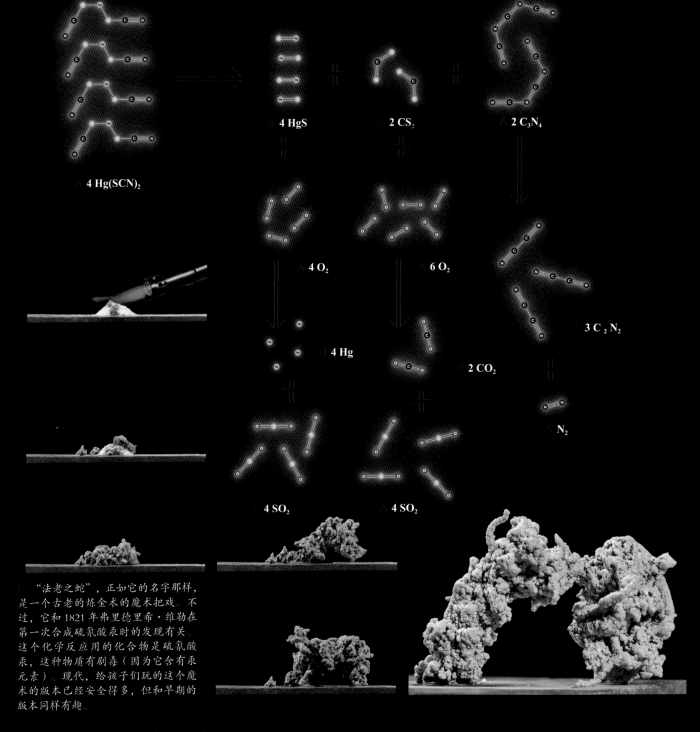

△ 4 Hg(SCN)₂ → △ 4 HgS + 2 CS₂ + 2 C₃N₄

△ 4 O₂ △ 6 O₂

△ 4 Hg 2 CO₂ 3 C₂N₂

△ N₂

△ 4 SO₂ △ 4 SO₂

▷ "法老之蛇"，正如它的名字那样，是一个古老的炼金术的魔术把戏。不过，它和1821年弗里德里希·维勒在第一次合成硫氰酸汞时的发现有关。这个化学反应用的化合物是硫氰酸汞，这种物质有剧毒（因为它含有汞元素）。现代，给孩子们玩的这个魔术的版本已经安全得多，但和早期的版本同样有趣。

今天，给孩子们玩的"黑蛇"烟花很好地取代了"法老之蛇"，因为其中不含有剧毒的金属物质。市场上销售的烟花，其配方被作为商业秘密而未公开，但主要包括一些可以分解为碳的东西（通常是亚麻籽油）、一些可以燃烧的东西（可能是萘）和刚刚够用的氧化剂（典型的例子就是硝酸钾）。这些物质混合在一起让烟花能够以一个适当的速度燃烧（既不太快也不太慢）。通常，你每次只会点燃其中的一个小球，不过在这里我们点燃了数百个小球，因为这样看起来真的很炫酷。

我还是小孩子时就记得的化学反应

当我还是个小孩子时，我就喜欢上了化学，而原因跟一千年前那些沉迷于炼金术的人非常相似。和一大块黏土、蝾螈之眼不同的是，当你把不同的化合物恰当地混合在一起之后，它们确实能产生一些效果。数百年前，第一批炼金术士通过各种尝试，找到了一些真正有意思的化合物。而当我还是小孩子时，他们的这些经验以及我学习的其他知识就在指导我。这些知识早先时候是从互联网上的百科全书里获取的，后来则是在大学里获取的。

那天，我发现了一个黑火药的配方，其中详细地记载了各种成分的百分比，这让我十分激动。我清楚地记得那一天，有如昨日一样清楚。我从高高的书架上拿下了"火"字头的书来，翻动书页，离那个配方越来越近……终于，我看到了它，如此朴实无华：75%的硝酸钾、15%的木炭以及10%的硫黄。

这些成分的比例，实际上是相当灵活的。历史上，各个版本的火药差别相当大，配方里有上下10%的变化幅度。不同的配方比例，能够实现不同的燃烧速度，以应对不同的用途。比如，火箭发动机里的火药需要能够燃烧一小段时间；而子弹里的火药则要求在千分之一秒的时间里燃烧成气体。关于更多有关火药燃烧速度的知识，参见本书第193页。

为什么中国人能在尚未理解火药的作用原理的情况下就早已发明了火药呢？答案无疑就是这种配方上的灵活性。你并不需要把所有的东西都按照恰当的比例混合，就能看到一些有趣的东西了。实际上，你所需要的只是硝酸钾，把它加到任何可燃的物质甚至是普通的白纸中，都可以使这种物质燃烧得更充分。如果你对这个世界有足够的注意力，很显然，这个迹象就意味着硝酸钾有进一步研究的价值。你不用很费劲就能想到把硝酸钾加到其他可燃的东西（比如木炭、硫黄）中，或者把硝酸钾同时和这两种物质混合。此后，要做的只是一个系统性测试，以找到最佳的混合比例。（编者注：下图中最左侧的物质为高分子化合物，此处只画出了其中一部分结构单元。）

◁ 揭秘：这张图上的纸曾经在硝酸锶溶液（而不是硝酸钾溶液）中浸泡过，这两种物质相当近似。直说吧，这么做只是因为用硝酸锶泡过的纸拍出来的照片比用硝酸钾泡过的纸更有吸引力。不过，它们展示出来的现象基本上是相同的。

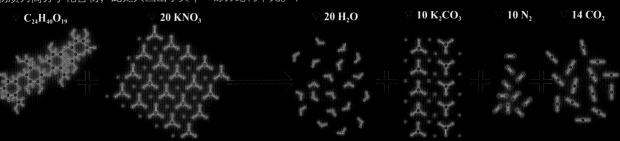

| $C_{24}H_{40}O_{19}$ | 20 KNO_3 | 20 H_2O | 10 K_2CO_3 | 10 N_2 | 14 CO_2 |

制作火药，最艰难的部分就是混合和研磨。在传统的工艺中，如果要制造爆炸用的火药，通常需要使用电动球磨机，把火药研磨上几小时（参见第194页）。在混合的过程中，如果你失误了，它们就真的会爆炸。幸运的是，我只有一个研钵和杵，我也没有足够的耐心把这些火药研磨足够长的时间（所谓幸运是因为原料研磨不充分，就会使得火药的危险性大大降低）。

用我的这种马马虎虎的制造工艺得到的火药更可能产生所谓的"剧烈燃烧"，而不是一场真正的爆炸。这种火药拿来做烟花很合适，拿来做炮弹就太糟糕了。我相信，当人们最初把这些物质混合起来时，他们得到的应该就是类似的东西。它不会爆炸，看起来也没什么用处，但肯定是很有意思的。这种东西牢牢地吸引了他们的注意力，鼓励他们做更多的实验。慢慢地，他们找到了让火药性能变得更好的关键所在，并开发出了能够在火箭和大炮上使用的火药。

在第4章中，我们会看到一个把火药用在烟花商品中的例子；在第6章里，我们会知道它燃烧的速度到底有多快。

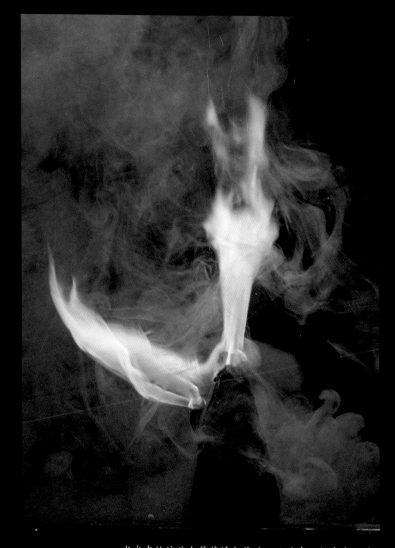

这儿本来应该有一张照片，用来呈现我小时候做的那个闪光火药火箭。呃，这里并没有配图，是因为我不想再重新做一个了，它太危险了。我当时的做法（如今绝对不会再重复了）是：把一些效果特别的闪光火药（铝粉和高氯酸钾的混合物）塞进用秸秆制成的厚纸管子里。我记不清是从哪儿得到这个主意的了，但它的确有效。闪光火药被装进一根细细的管子里，因此它并没有"闪光"，而是迅速燃烧，火药产生的力量足以把这个"火箭"发射到离地6～9米的空中。有几次为了让这事更加愚蠢，我还给这个闪光火箭再挂上一个爆竹。是的，这真的是一件蠢事，而且我当时也知道这是蠢事，不过我敢说，孩子嘛，都是有点儿傻气的。

当我在给这些火箭装填火药时，从没有一枚在我眼前爆炸，但实际上这是非常容易发生的事情。这些年来，我之所以对待化学实验万分小心，其中一个原因就是：当我坐在饭桌边上，看着窗外，想起当年那一瓶打开的闪光火药、管子和钉子，我的胃部就会有一阵不适，我会问我自己："为什么要把一根钉子反复地插入这根摩擦力够大的管子里，就为了装填闪光火药？"我当时已经明白那很危险。认真地说，有时候孩子们是很笨的，如果你现在正是这样一个和我当年相似的孩子，请记住做实验要小心。你们会变得很聪明，但同时，请确保你不会把自己炸飞。

我喜欢这种物质，它是一种透明的液体。不过，如果你加几滴别的东西进去，一小时之后，虽然它看起来并无变化，但实际上它已经变成了透明的固体。这像个魔法，带给我把东西嵌在其中的巨大乐趣。这就是浇注用的聚酯树脂，在手工制作商店很容易买到。加进去的那几滴东西常被称为"催化剂"，但这个词用在这儿是错误的。确切地说，它是自由基引发剂，能够启动一个链式反应，最终让整个树脂都卷入反应中来。数量庞大的小分子最终彼此连接在一起，形成许多巨大的分子。而这些大分子再彼此以网状交叉连接，让最终的材料又硬又韧。

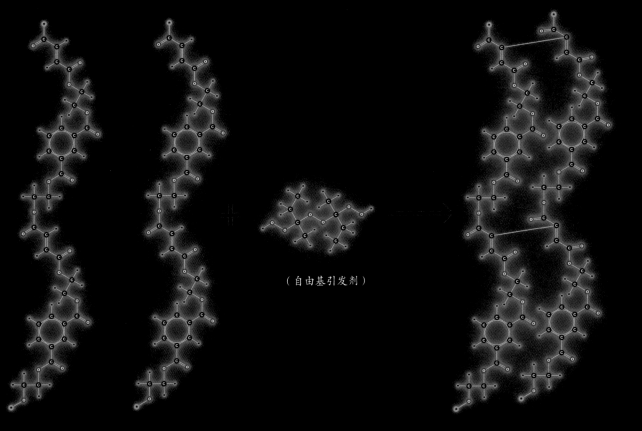

（自由基引发剂）

在我们的日常观察中，一个基本的原则就是：只要看就好了，不要促使被观察的东西发生变化。然而，这种材料就是一个反例。它是一类光固化环氧胶（参见第155页，进一步了解环氧胶的化学性质），你只需要用蓝光或紫外线照上几秒，它就会变成像石头一样坚硬的固体。所以呢，保管时必须把它放在黑暗的地方，它才能保持液态。而当你试图在一个很强的光源下看它的时候，它就会迅速变成固体。幸运的是，光谱的范围很宽，你能够在正常的室内光线下处理这种树脂胶，而不需要关灯。商品化的环氧胶套装常常包括一管环氧胶和一盏蓝光/紫外线LED灯（用来让其固化）。

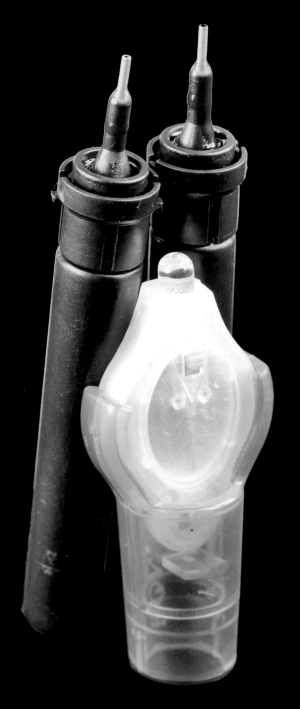

光固化塑胶已经出现数十年了，但直到最近几年才有可以轻易买到的零售包装。但是，它值得我们等待，即使价格确实很高。

　　从头开始制造食盐，是我期盼了很多年的事情。现在，我好不容易有了一个机会去实现这个愿望。这是几个能把我吓得魂不附体的实验之一，而且也是由于各种原因，不得不重复制作、拍摄的少数实验之一。

　　我喜欢它，是因为这是一个基本化学元素之间发生作用的范例。你把氯气（一种元素单质，具有窒息性的剧毒气体）吹到金属钠（一种元素单质，遇水就会爆炸）的表面上，结果就会产生火焰和浓烟，这种浓烟的成分就是常见的食盐（氯化钠，化学式为 NaCl）。

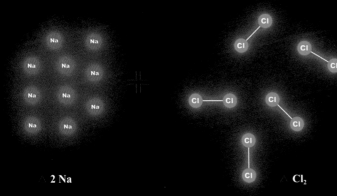

△ **2 Na**　　　△ **Cl₂**

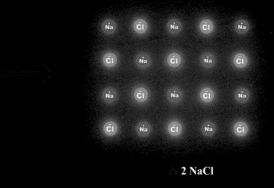

△ **2 NaCl**

　在本书中的一些地方，我在绘制化学反应式时，会画出比实际反应多一些的原子和分子。但其下面的文字说明中，通常会精确地表示符合反应物比例的最少的分子数和原子数。比如，两个钠原子会和一个氯气分子发生反应。但我会将其画成 10 个钠原子与 5 个氯气分子（含有 10 个氯原子）发生反应。数字是不一样了，但重要的是，原子个数之间的比例依然是 2 : 1。我这样做的目的就是为了以一个合适的尺度来展现反应产物，也就是氯化钠的晶体构成。在任何一个真实的化学反应中，都会有数万亿个原子、分子发生反应，但在反应物中原子个数之间的比例是保持不变的。

△ 我第一次做这个实验时，是为了给一盘面条加点儿盐。

这个古老的曲颈瓶（如右图所示）制造于18世纪，是由更古老的蒸馏装置演变而来的。那些炼金术士为了进一步的研究而设计制造了一些仪器装置，这只是其中的一个例子。亨尼格·布兰德就是使用这样的装置发现了磷的存在的（参见第7页）。

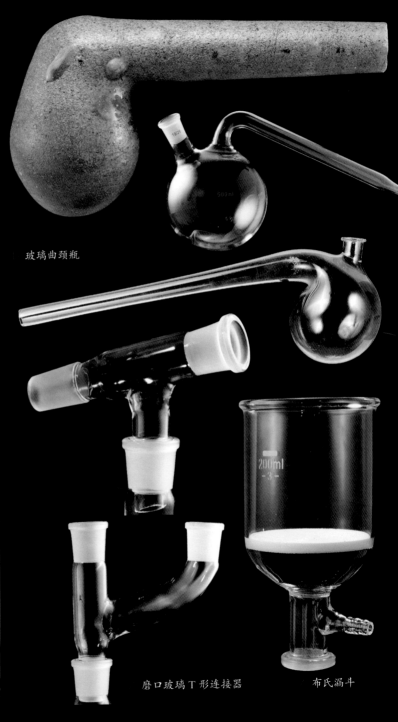

玻璃曲颈瓶

这些曲颈瓶的"直系后裔"，就是那些人们在听到"化学实验室"时会联想到的东西。如果你把这样一套装置摆在中世纪的那些炼金术士面前，他们或许会惊讶于玻璃吹制工艺的精湛，但对于这些东西的用途，并不会产生迷惑。他们会认出蒸馏烧瓶、冷凝管和接收瓶。我想，他们最可能会赞叹设计的精巧和制造工艺的让人难以置信的精密程度。若他们知道正是他们最初发明的蒸馏瓶和曲颈瓶才导致了这种魔法一般的物件，他们也会感到骄傲吧！（甚至在今天的玻璃仪器中，还有现代款的曲颈瓶，只是很少用到了。）

这些仪器正是化学专业的学生首次接触经典的化学世界时会遇到的东西。如果说化学也有个"黄金时代"的话，那应该就是在19世纪晚期到20世纪中期了，因为当时大量的科学发现和技术进步都归功于有机合成化学的成果。今天，我们从零开始，几乎可以创造出任意一个你喜欢的、结构在化学上也合理的分子来。这要归功于多少代化学家的工作，是他们创造出了数千个独立的化学反应，这些反应既可以把一种分子转化为另一种小分子，也可以将其转化为一种更复杂的分子。

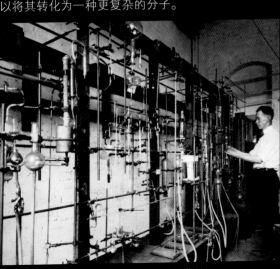

磨口玻璃 T 形连接器　　　布氏漏斗

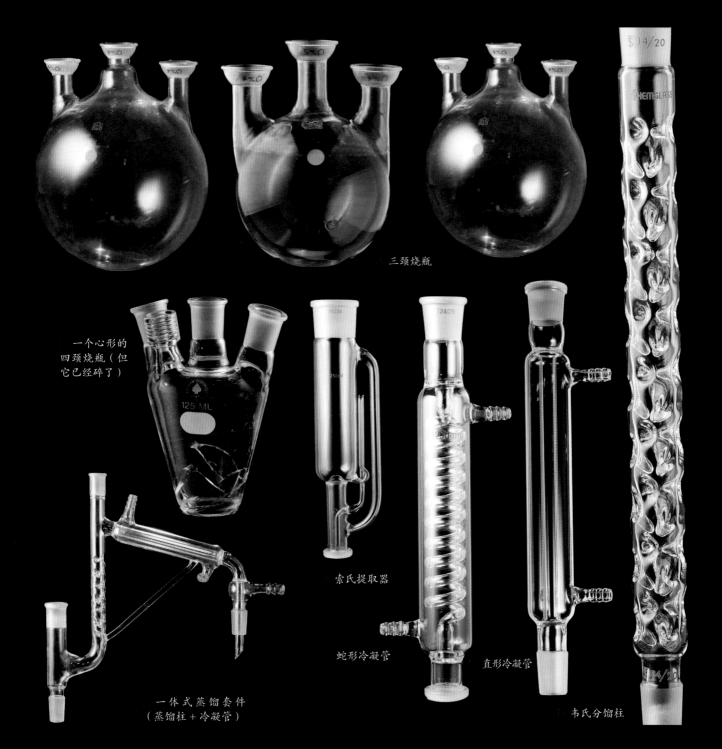

三颈烧瓶

一个心形的
四颈烧瓶（但
它已经碎了）

索氏提取器

蛇形冷凝管

直形冷凝管

一体式蒸馏套件
（蒸馏柱＋冷凝管）

韦氏分馏柱

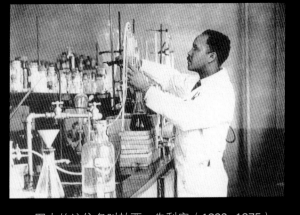

图中的这位名叫帕西·朱利安（1899–1975），在接下来的一整页里，你可以看到他合成的分子——毒扁豆碱。从头开始合成这种分子，需要很多步骤，他在1935年终于将其合成成功。毒扁豆碱的全合成是如此艰难，又是如此重要。它不仅让朱利安一举成名，而且让他的工业化学家的职业生涯变得既漫长又富有。如果有一所以你的名字来命名的大学，那么这足以说明你在财务上很成功。通常来说，捐钱修建大学的人往往就能够以自己的名字来命名这所大学。

从炼金术到磷的发现，再到朱利安系统地合成毒扁豆碱这种复杂的分子，经历了巨大的飞跃。它的跨度堪比从奥威尔·莱特和韦伯·莱特的自行车店到人类第一次登上月球。

迪堡大学朱利安科学研究中心将朱利安合成毒扁豆碱视为该校的几个最重大的成就之一。无论是在过去还是现在，有机合成都是一项严肃的工作：如果你能够找到一条路线，低成本地合成一种在商业上或医学上有重要意义的分子，你就能改变世界。朱利安发现了毒扁豆碱及其他几种重要分子的合成方法，从而拯救了数百万人的生命，改善了他们的生活。

2003 年，我和我的朋友麦克斯·惠特比在位于美国印第安纳州的迪堡大学朱利安科学研究中心里安放了一个供展示的"元素周期表"。来到印第安纳州的这个小镇的游客们，都被这个"元素周期表"吸引。所以，间接地说，麦克斯和我也是朱利安发明的受益者。

另一个吸引游客们的展品，是摆在小镇广场上的本来几乎不可能出现在那里的德国制造的 V–1 "嗡嗡飞弹"。我不愿意去搞明白，这样一个纳粹制造的恐怖的武器（用于在第二次世界大战期间随机地轰炸平民）是怎样结束其作为武器的生命并被骄傲地摆在印第安纳州郊区的一个小镇的法庭门口的。或许，有太多的可能性。

在迪堡大学展出的这个"元素周期表"里，我们为每一个元素都做了一个立体模型，用来突出地展示其性质和用途。

O 8
oxygen

Al 13
aluminum

Cu 29
copper

Nb 41
niobium

毒扁豆碱的全合成

所谓全合成的意思，是指朱利安博士通过一系列反应，把目标分子——毒扁豆碱从无到有地搭建出来（在这个例子中，"无"指的是一些结构非常简单的苯酚，这种东西可以从原油中大量提取到）。合成过程的前4步就是制造非那西丁，在此之前这一部分工作已经由其他研究者完成了，朱利安就是从这儿开始的。

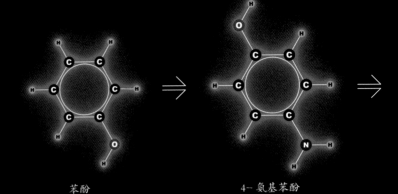

苯酚

4-氨基苯酚

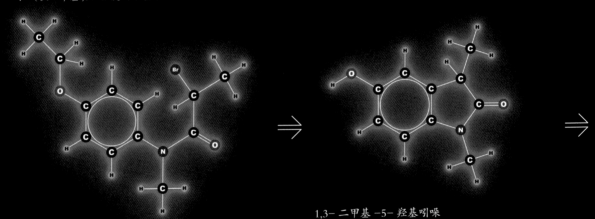

4-（N-甲基,N-2 溴丙酰基）-氨基苯乙醚

1,3-二甲基-5-羟基吲哚

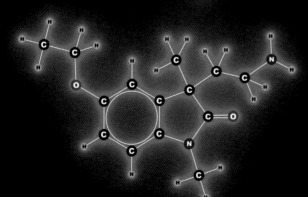

1,3-二甲基-3-（2-（N-甲胺基）乙基）-5-乙氧基吲哚

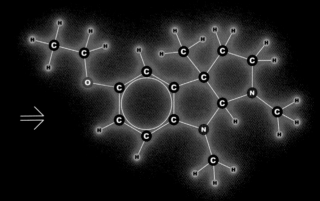

D/L 氧化扁豆毒碱

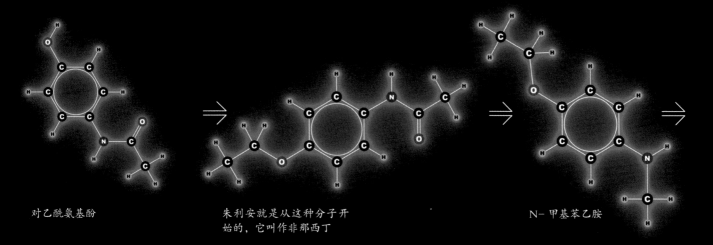

对乙酰氨基酚

朱利安就是从这种分子开始的，它叫作非那西丁

N- 甲基苯乙胺

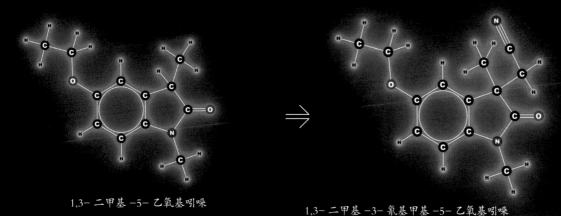

1,3- 二甲基 -5- 乙氧基吲哚

1,3- 二甲基 -3- 氰基甲基 -5- 乙氧基吲哚

D/L 氧化扁豆毒碱

毒扁豆碱

我曾参加过一个高级有机化学实验室的课程（该课程能够让很多参加者打消做个化学家的念头）。在课程中，一位老仓库保管员讲述了"过去的好日子"：那时他还不需要考虑诸如"安全性""不得毒害学生"之类的问题，而这种无拘无束的状态，如今已然是痴心妄想。

他介绍了过去如何让所有学生喝下一大堆化学物质，然后让他们搜集隔夜的尿液，次日上课时，再从这些尿液中蒸馏、提炼出产物。而这些产物就是之前这些学生服下的化学原料经由他们的身体自动合成的。我想，他一定在开玩笑吧！

直到很多年后，我才发现了真相，其实他并没有开玩笑。这种生物合成方法（在活的生物体内进行的化学合成）可以产生马尿酸，在很长时间里真的就是让学生们这么干的。我很想亲自尝试一次，但实际上并没有真正去做，因为那些原料的味道让人非常难以忍受。所以呢，我把下面这本书（出版于1935年）上的有关内容拍摄下来，恭恭敬敬地呈现在这里。

C_2H_6O

$3 O_2$

《有机化学实验》，路易斯·费舍尔著，1935年由 D.C.Health 公司出版。

increase in the ... (C₆H₅CH), toluene (C₆H₅CH₃), ... benzaldehyde (C₆H₅CHO), and other similar compounds.
(C₆H₅CH = CHCOOH), and other similar compounds.
The ingestion of small amounts of sodium benzoate appears to have no harmful effects, but the amount which can be tolerated is of course not indefinite. Experiments with doses as large as 50 g. per day have shown that if the benzoic acid is increased beyond a certain point it is not all conjugated but is excreted as such in the urine (sometimes causing diarrhea). It has been concluded that the body has available for conjugation a maximum of 13 g. of glycine per day (corresponding to 30 g. of sodium benzoate).
Human urine contains a considerable quantity of urea (see Experiment 23), together with various acids (hippuric, uric, phosphoric, sulfuric, and other acids) present largely in combination with basic substances (ammonia, creatinin, purine bases, sodium and potassium salts). The hippuric acid is probably present in the form of a soluble salt, and the simplest method of isolating it is to acidify the urine and to add an inorganic salt to further decrease the solubility of the organic acid. Extraction processes are more efficient but also more tedious.
Procedure.¹ — Ingest a solution of 5 g. of pure sodium benzoate in 200–300 cc. of water (or increase the hippuric acid output through special, measured diet), and collect the urine voided over the following twelve-hour period. If it is to be kept for
¹ Plimmer, "Practical Organic and Bio-Chemistry," p. 172 (1926); Adams and Johnson, "Laboratory Experiments in Organic Chemistry," p. 321 (1933). For an alternate procedure, see Cohen, "Practical Organic Chemistry," p. 344 (1930).

呃，我为什么要给你说这么多关于有机合成和各种复杂的玻璃实验仪器的事情呢？因为就是在这个课程中，我意识到自己并不想当一名有机化学家。这倒不是因为尿液的事情，而是因为我意识到，我对这些化合物的漂亮的名字与它们的结构之间的明确的逻辑关系的喜爱，要胜过对这些物质本身的喜爱。不要误会，我也很喜欢化学！不过，如果你是一名在实验室里工作的严肃的化学家，你就不能领略摆弄各种东西的乐趣。我在那个课程上的表现并不好，因为它需要非常仔细地进行测量和权衡各种问题。

我想要的是另一种生活，因此这反而让我更加敬佩那些人的技术和奉献精神，他们发展了湿法化学的科学和艺术，并把它提升到了如此之高的程度。

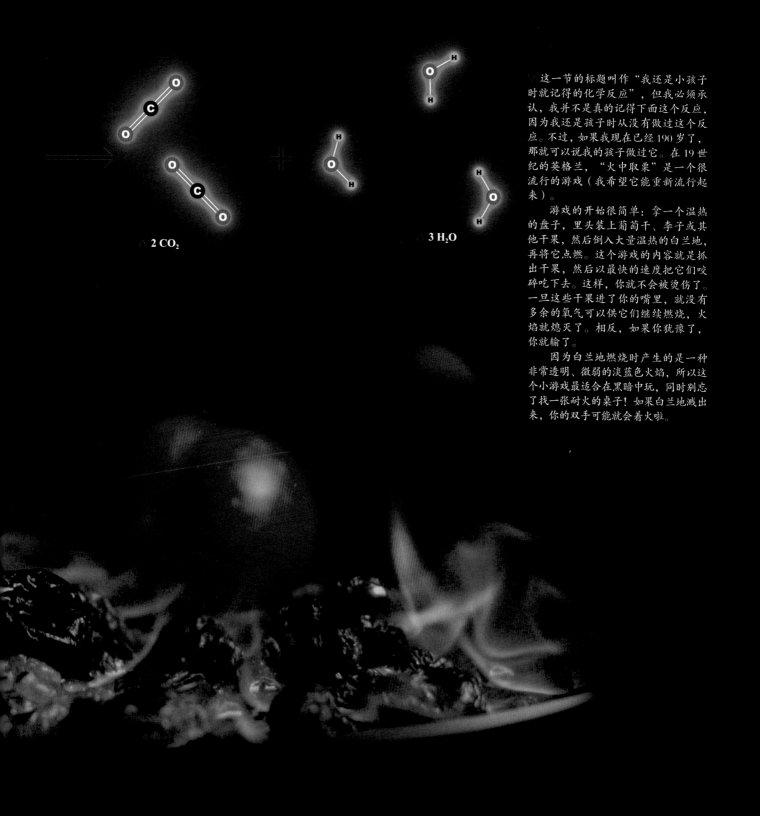

△ 2 CO₂   △ 3 H₂O

▽ 这一节的标题叫作"我还是小孩子时就记得的化学反应",但我必须承认,我并不是真的记得下面这个反应,因为我还是孩子时从没有做过这个反应。不过,如果我现在已经190岁了,那就可以说我的孩子做过它。在19世纪的英格兰,"火中取栗"是一个很流行的游戏(我希望它能重新流行起来)。

游戏的开始很简单:拿一个温热的盘子,里头装上葡萄干、李子或其他干果,然后倒入大量温热的白兰地,再将它点燃。这个游戏的内容就是抓出干果,然后以最快的速度把它们咬碎吃下去。这样,你就不会被烫伤了。一旦这些干果进了你的嘴里,就没有多余的氧气可以供它们继续燃烧,火焰就熄灭了。相反,如果你犹豫了,你就输了。

因为白兰地燃烧时产生的是一种非常透明、微弱的淡蓝色火焰,所以这个小游戏最适合在黑暗中玩,同时别忘了找一张耐火的桌子!如果白兰地溅出来,你的双手可能就会着火啦。

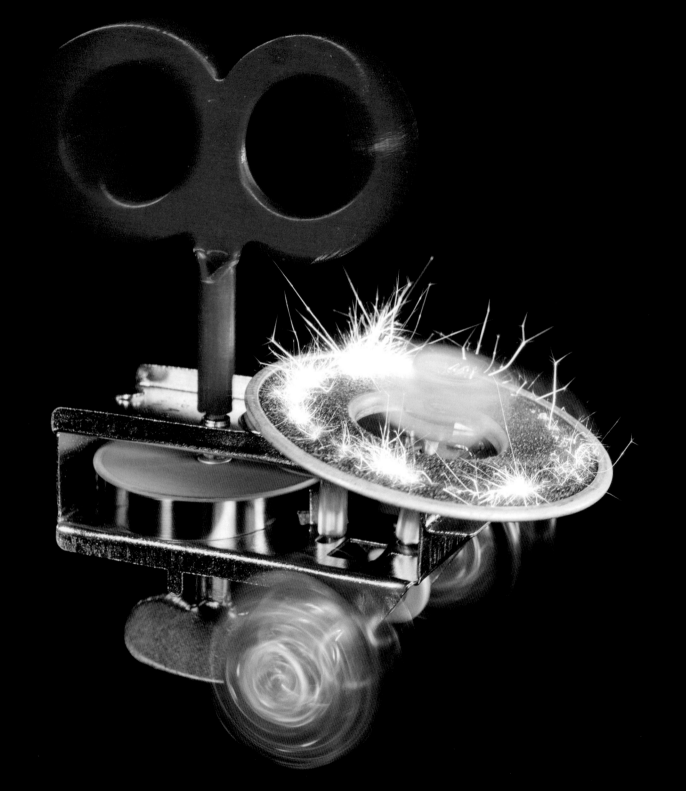

元素、原子、分子和化学反应

整个世界都是由元素——铜、钴、钙等组成的。所有的这些元素，根据它们自身的特质组成了原子。铁是由铁原子组成的，碳是由碳原子组成的，以此类推，所有的原子都是这样来的。

这些原子都很古老，而且几乎不会改变。它们中的绝大多数就是永恒的一部分。重原子的原子核被数十个电子围绕着，就像被裹在衬有软垫的房间里一样，它们可以用来衡量宇宙的年龄。这些安静的原子核对于宽广的外部世界毫无感觉，只会被那些围绕着它们的磁场的"低语"所牵引。

不过，在这个平静的原子核周围进行着一个大旋涡一般的活动。外层电子处在永恒的动荡之中，来来去去，聚散离合，不断地变换着位置，它们所处的世界的运转速度比我们日常所处的世界要快千万亿倍。这就是化学反应的世界。

元素以及它们结合而成的分子，就是"物质世界"这个名词的所在。它们就是你、我以及周围的万物。

而化学反应就是这个世界的动词，即表示动作的词。这个世界上所发生的有趣的事情，比如花开草长、烈火焚烧、万物生发，绝大部分都是化学反应的结果。

在计算机键盘上敲下这几个词，几乎不涉及化学反应，因为这是和电有关的事情。但是，当你读到这几个词的时候，或许你已经开始质疑这种说法了。实际上，这就是不折不扣的化学反应，就像复杂而奇怪的舞步。你的脑子里形成的想法，不过是脑电波精致的模式、波长和脉冲的组合而已，它们完全由化学反应控制和塑造。

为了产生你，就需要有化学反应。为了产生反应，就需要有分子。而为了组成分子，就必须要有原子。

那么，原子到底是怎样形成的，它们又来自何方呢？

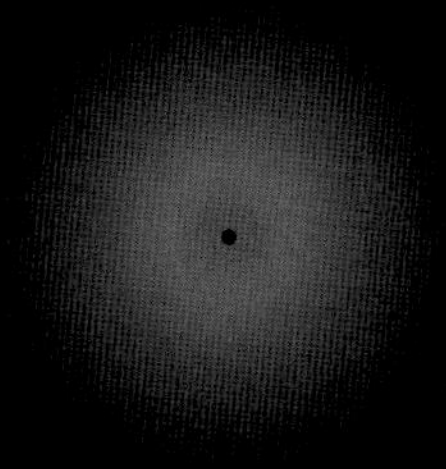

原子是看不见的，至少不是传统意义上能"看见"的，因为原子比光子还要小。今天，一些灵巧的装置可以让我们解析单个原子，不过，理解原子的最好方式依然是从示意图上来看它们是如何被放在一起的，正如上面这张图一样。

　　在每个原子的中心都有一个原子核，其中又包括质子和中子（它们也被称为"亚原子粒子"，就因为它们的个头比原子小一些）。围绕在这个小小的原子核周围的是电子云（电子也是一种亚原子粒子）。有时候，你也许会看到一种示意图，它把电子画成具有椭圆形轨道的微小卫星，它们围绕着原子核运动，但这种图示是错误的。原子里的电子并不会真的待在任何地方，它更像一种概率波，填满了原子里的空间。我只会把原子画成概率云，因为这是它们本来的样子。

　　对于电子来说，最重要的并不是它们的位置，也不是它们看起来像什么，而是它们所处的能级。

宇宙之中 90% 的原子都是氢原子，每个氢原子里有一个电子围绕着一个质子波动。这些原子几乎都是在宇宙大爆炸之后立即形成的，并且从那时起就没有再发生过变化，除了偶尔在深冷的空间里碰面时彼此会交换电子。它们从来不是某个恒星的一部分，也没有组成雨滴落下，或者参与形成一个 DNA 分子。在宇宙里，积极地参与某个反应，是很罕见的、特殊的荣耀。

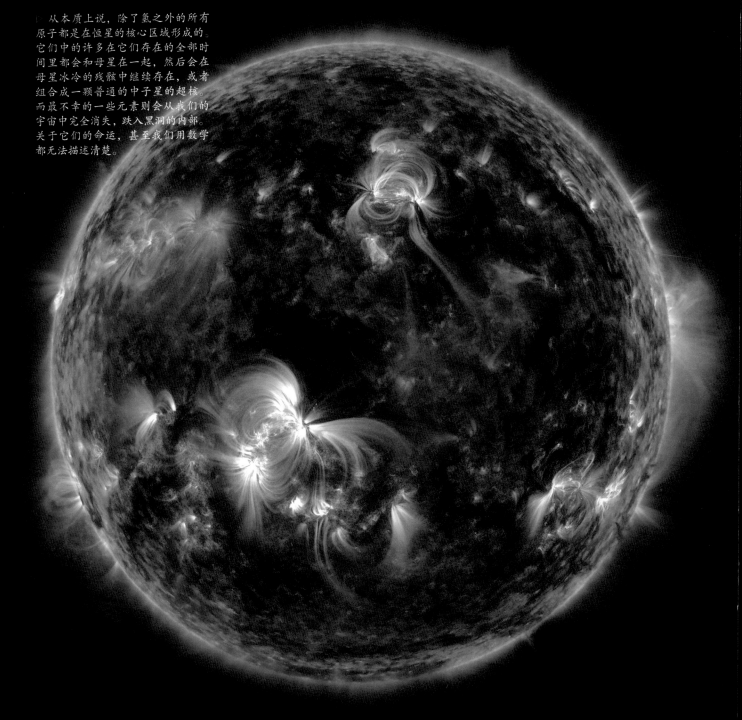

从本质上说，除了氢之外的所有原子都是在恒星的核心区域形成的。它们中的许多在它们存在的全部时间里都会和母星在一起，然后会在母星冰冷的残骸中继续存在，或者组合成一颗普通的中子星的超核。而最不幸的一些元素则会从我们的宇宙中完全消失，跌入黑洞的内部。关于它们的命运，甚至我们用数学都无法描述清楚。

一些幸运的原子诞生在恒星的内部，这就注定了它们的生命将会在一个壮观的超新星爆发中终结。这种爆发的规模和力量是如此巨大，以至于用任何语言去描述都是苍白无力的。光的速度是 30 万千米／秒，如果以这个速度，从下图中天体的这一头飞到那一头，也需要五年半的时间。然而，这不过是超新星爆发所形成的一团烟雾而已（我们把它叫作蟹状星云）。

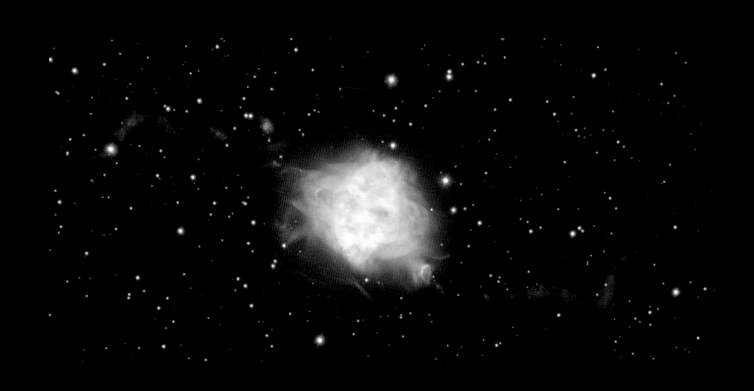

△ 从超新星中抛射出来的物质将会有第二次机会来做一些有趣的事情。这些原子，比如氦、碳、氧、钠、钙等原子，最终都形成了新的恒星以及环绕着它们运转的行星。当行星们慢慢地从它们的吸积盘中凝聚出来时，组成它们的星际尘埃也同时形成了它们炽热的内核、岩石外壳、奔腾的海洋、湛蓝的天空以及星体上好奇的居民。看看你的双手，永远不要忘记，是这些恒星的死亡造就了你。

若一颗行星以恰当的方式形成，而且和它的主体恒星保持恰当的距离，生命就可能在这颗行星上诞生。如果这些生命足够智能，又保持努力的话，它们最终就能描绘出之前所发生过的一切，并构建出物质的终极目录——元素周期表。在不同的行星上，元素周期表的细节可能会有所不同，但基本形状和制定规则应该是相同的，因为决定元素周期表的自然规律总是不变的。

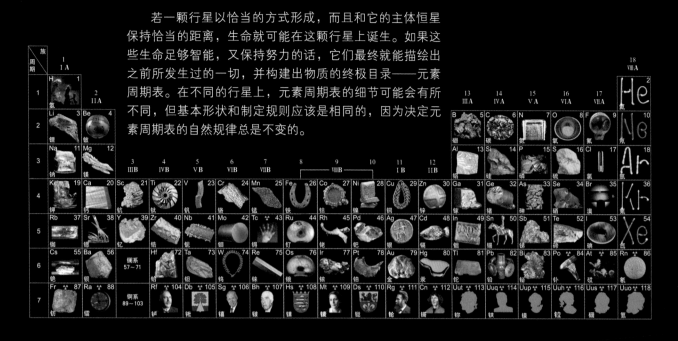

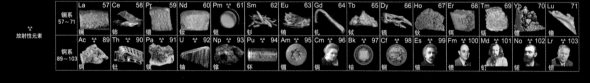

每种元素都像一种乐高砖块，有着特定的形状，因而它和其他的砖块只能以一些特定的方式结合起来。元素周期表中的每一栏都像具有相似形状的一类砖块。比如，第一栏里的元素大多可以和其他各栏的元素相结合。（译者注：惰性气体是个例外。）而其他各栏元素的结合规则就变得越来越复杂了，越接近表的中心，结合规则就越微妙。因为这并不是一本教科书，所以我并不想介绍这些规则的具体细节，只要知道存在着某些规则，这些规则也可以被人类所理解就够了。关于不同的元素在行为上的差别，这并不是什么神秘的事，但这些行为确实非常丰富多彩，可以激励勤奋好学的学生们。

如果你想进一步了解元素的知识，无论是个别的还是整体的，都可以参考我写过的一本书《视觉之旅：神奇的化学元素》，我在此书里为每种元素都写了两页的介绍，除了那些傻乎乎的元素，也就是101～118号元素。我不喜欢它们，因为我不可能搜集到它们。（译者注：101~118号元素都是人造元素，从产生到衰变的时间极短，因而作者无法搜集它们的样品。）

好了，我们就不花更多的时间来讨论元素了，让我们来看看当你把元素结合在一起创造出分子的时候，到底会发生什么。

分子是什么

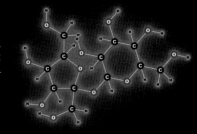

将两个或更多的原子通过化学键彼此连接起来，就产生了分子。最小、最简单的分子就是氢气（H_2），它是由两个氢原子通过一个单键连接在一起形成的。而许多常见的、重要的分子，都是由几个或十几个原子连接而成的。比如，每个蔗糖分子是由45个原子（12个碳原子、22个氢原子、11个氧原子）以特定的方式连接而成的（如右图所示）。

分子的性质通常都和构成它们的那种元素完全不同。

本页中的4幅插图所展示的都是只由一种原子形成分子的例子，其中的3种元素都是非常危险的。

只有瓶口朝下时，氢气才能充满瓶子，这是因为相对于空气，氢气会向上流动。当氢气被点燃时，常常会发生爆炸。

当金属钠掉进一碗水里时，它会壮观地炸裂开来。

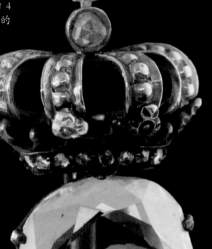

当氯气通过一个用液氮冷却的螺旋形冷凝管时，它会凝结成一种浅黄色的液体。

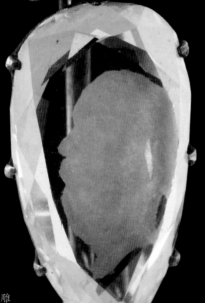

这颗钻石上雕刻有一个国王的肖像。钻石完全是由碳元素组成的。

这 4 种元素以不同的方式组合起来，可以形成很多种不同的化合物，它们的性质与这些元素也截然不同，以下是一些实例。

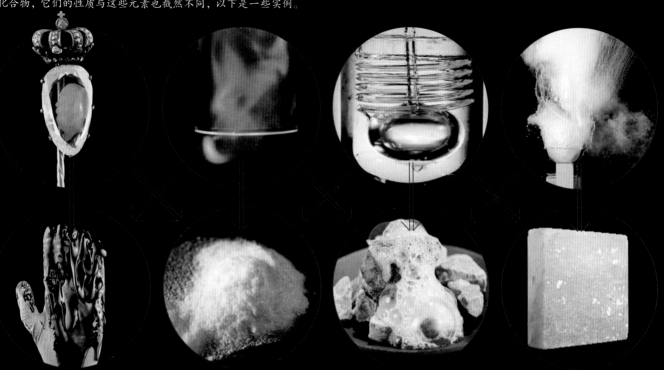

把碳原子和氢原子结合在一起，就能得到一大类分子——碳氢化合物。从汽油到塑料，都是这两种元素组成的各种物质的混合物。

把碳原子、氢原子和氧原子结合起来后，再加上氯原子，就可以得到三氯蔗糖的分子啦。这也是我最喜欢的一种人工甜味剂（也就是图中的这种物质，它的甜度是蔗糖的 600 倍）。

把氯原子和氢原子结合起来，就得到了盐酸。当你需要对什么物质进行化学上的分解时，盐酸往往都是很好的帮手。这里展现的是盐酸正在腐蚀岩石。

如果你把这几种元素中最危险的两种，也就是氯元素（以原子的形式）和钠元素（以原子的形式）结合起来，你就会得到普通的食盐。这块巨大的盐砖（从盐矿中挖出来的盐块）就被贴上了"更健康"的标签，同时因为其中含有的一些杂质而展现出了漂亮的颜色。不过，它在本质上就是氯原子和钠原子形成的化合物，叫作氯化钠，也就是我们常说的食盐。

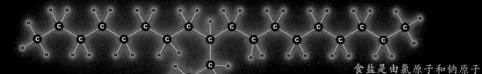

9- 庚基 - 十八烷是由氢和碳原子组成的，它非常黏稠。

食盐是由氯原子和钠原子相互交替排列而形成的、有三维结构的晶体。

三氯蔗糖是由碳、氢、氧和氯这 4 种原子组成的，它真的太甜蜜了。

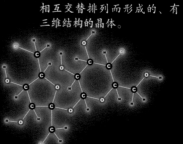

是什么力量把分子聚拢在一起的

在前页这些图中，你所看到的一根一根的短线到底是什么呢？原来，每根短线代表了一个化学键。化学键就是电荷之间的力相互作用的结果。所以，为了理解化学键，我们得先来理解电荷。

电荷无处不在，对此并不难找到线索。当你走过地毯时，就会触发电荷的释放。你从地毯上慢慢走过，或者把

气球放在头发上摩擦时，带电荷的粒子（也叫作电子）就会转移到你的身上或气球上，然后它们就会被困在那里了。这就叫作静电。

"静"这个字在这儿的意思就是"不移动"。比如，水桶里的水就是不流动的，而江河里的水则是流动的。被困在你身体里的电子是不动的，而电线里通过的电子则会形成电流。当你的手碰触门把手时，就会出现电火花，也就是产生了一个极短暂的电流。此时困在你身上的那些电子就流向了门把手。

也不难看出，这些电荷产生了一种力，我们把它叫作静电力。你摩擦一个气球之后，再把它粘在墙壁上，维持它粘在墙壁上的力就是一种静电力。当我们谈到用涤纶纤维做的衣服时，静电力就是那种让你的衣服看起来紧紧地粘在你身上的力。

电荷有两种类型：正电荷和负电荷。同种电荷（两个正电荷或者两个负电荷）会彼此排斥、推开；不同电荷（一个正电荷和一个负电荷）则会彼此吸引、靠拢。气球之所以能够粘在墙壁上，就是因为气球表面带有负电荷，而它粘着的墙壁上带有正电荷。

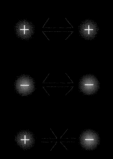

每个原子的核里都有一个或多个质子，这些质子都带有正电荷。在原子的外层运动的电子则带有负电荷。电子能够待在原子核附近，正是因为电子的负电荷和质子的正电荷会彼此吸引。

在常态下的"中性"原子中，外层电子的数目精确地等于其原子核中质子的数目。每个电子所携带的负电荷的量精确地等于每个质子携带的正电荷的量，所以正、负电荷的电量恰好彼此抵消，原子在整体上看上去并不带电。

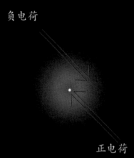

负电荷

正电荷

这些力量是如何结合起来创造出一个化学键的呢？这真的很巧妙！

▽ 想象一下，把两个正电荷放在相距很近的距离上，当你松手时，这两个电荷就会飞走，这是因为同种电荷彼此排斥。

▽ 然而，如果把一个负电荷放在两个正电荷之间，则又会如何呢？这个放在中间的负电荷会对左边的正电荷产生吸引力，同样也会对右边的正电荷产生吸引力。两个吸引力的强度超过了把两个正电荷推开的斥力。这是因为这个加进去的负电荷与两边的正电荷之间的距离小于两个正电荷之间的距离。此刻，电荷的整体作用就是把彼此聚合在一起，而不是分散开来。

这基本上就是化学键的形成机制了。

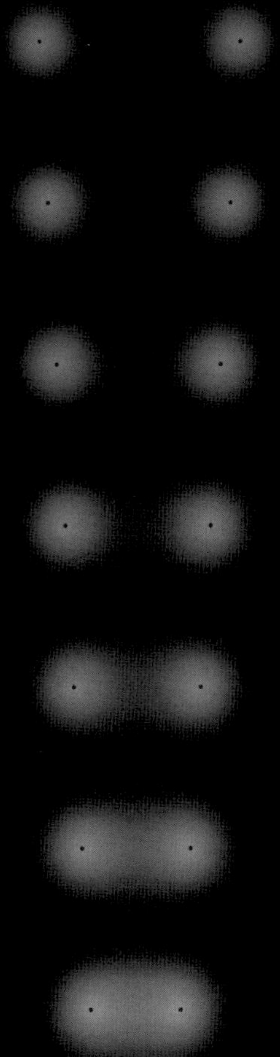

当你把两个原子放在很近的距离上时，它们之间会形成一个化学键，否则就会有一个斥力把它们彼此推开。这取决于这两个原子是什么原子，以及它们是否已经和其他原子形成了化学键。

想象一下两个原子相距较近时的情形。从整体来看，它们都没有携带电荷，所以它们不会彼此吸引，也不会彼此排斥，它们之间根本就没有任何力的作用。

当两个原子开始慢慢地靠近时，下列两件事中就必然会发生一件。两个原子的电子要么选择在原子之间的空隙中聚集在一起，把彼此拉得更近（正如前页的图中所示的那样）；要么选择彼此躲开，分别聚集在两个原子的外侧，结果是把原子拉开。

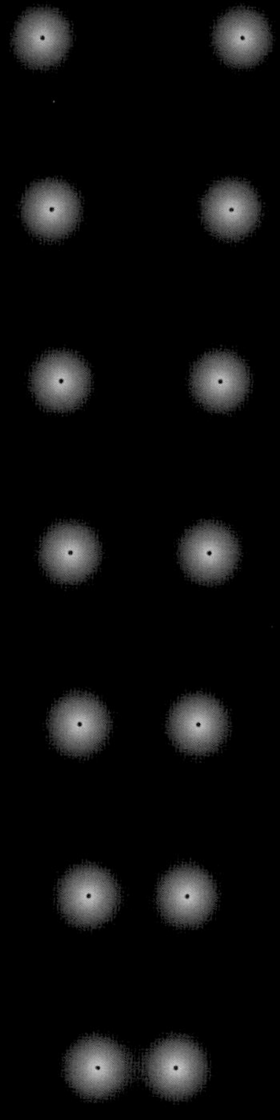

在研究化学时，搞清楚某个化学键是否已经形成是一个很重要的问题。这个问题比本书能够涵盖的内容要复杂得多，不过请放心，这些知识是可以看懂的。而当你学过所有的成键规则背后的量子机制后，它就不足为奇了。

（我知道，说"复杂得多"是很令人沮丧的，但说实话，这的确是很复杂的事情。不妨这么来看：这是一个机会，可以让你学习到比这本书中所介绍的知识更多的东西。了解质子和电子相互作用的过程是相当精彩而迷人的。这些知识不是很快就能搞清楚的，需要一段时间才能将它们都学会。倘若我能够在一本书里把这些东西都说清楚，那么这个世界该是多么无聊啊！）

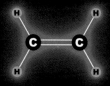

左边是拿乙烯分子做的示例，这个示例演示了我在本书中是如何描绘分子的。这个分子由两个碳原子和4个氢原子组成（原子即图中标有字母"C"和"H"的圆形），每两个原子之间的白色线条就是由一对电子参与形成的化学键。电子通过它们之间的静电力将两个原子拉拢在一起。我们可以从图中看到，每一个氢原子和一个碳原子通过一对电子连接起来（这对电子显示为一根白线）。两个碳原子则是彼此通过4个电子（两对电子，两根白线，后者也被称为双键）连接起来的。在少见的情况下，你会看到所谓的三键，有时候还会看到一个由6个碳原子组成的环内画着一个圆圈。这个圆圈表示这6个原子共同、平均地分享了这6个电子。在本书中，你不必操心这么多细节。

我会使用紫色光晕来表示形成分子所需的电子的负电荷。在前页的两个例子中展示了氢原子和氦原子是如何接近的，而那些紫色光晕是通过精确地计算各个位置上的原子周围的电子云密度画出来的。

不过，对于本书中其他地方（以及在我的其他几本书里）的分子，这种紫色光晕就纯粹是比喻性质的了。这里，我用一个简单的公式去计算电子云密度，主要是为了好看。因为分子结构根本就不是二维的，所以，想要用任何"真实的东西"来表现分子，都是毫无意义的。我之所以喜欢用紫色，是因为它可以把黑的碳原子从黑色的背景中衬托出来。同时，这也是一种温和的表达，提示存在一个边界模糊的电子云弥散在整个分子之中，特别是在原子中心，以及一对以化学键彼此连接的原子的中间。

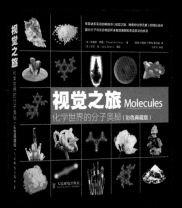

如果你对原子组成分子的种种不同方式感兴趣，可以看我已经出版过的另一本书《视觉之旅：化学世界的分子奥秘》，那本书里列出了几百个分子的示例，展示了形似人体骨架的分子的图片，同时介绍了这些原子之间的连接方式。

在本书中，我不会把大量的时间花在介绍分子上，而是直接讨论分子是如何聚拢在一起并促使化学反应发生的。

化学反应是什么

当化学键被创建或破坏时，化学反应就发生了。既然这些化学键都是由电子构成的，也可以说，当电子在不同的原子之间寻求新的结合机会时，化学反应就发生了。

简单来说，化学反应就是电子的流动。

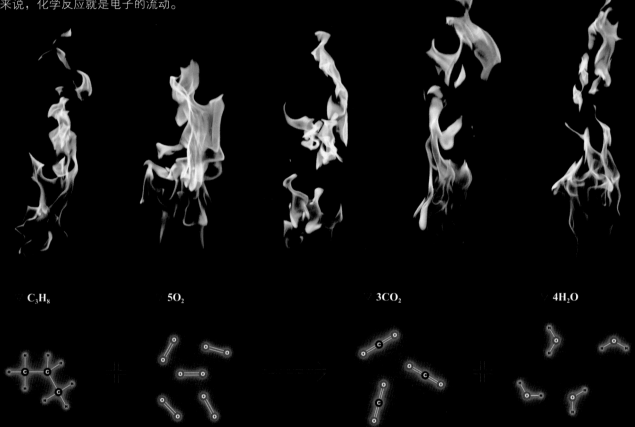

C_3H_8 $5O_2$ $3CO_2$ $4H_2O$

看一个反应方程式时，应从左边向右边看。左边是你的起始"原料"，右边就是你最终得到的"产品"。中间有一个箭头，它代表把原料转化为产品的过程。箭头，也可以说就是表示了反应本身。

（通常来说，你看到的化学反应方程式都是以二维、文字的形式来表示的。比如，丙烷的化学式是C_3H_8，因为它是由3个碳原子和8个氢原子组成的。所以，你平时看到的化学反应就写成了$C_3H_8 + 5 O_2 \rightarrow 3 CO_2 + 4 H_2O$。不过，在这本书里，我总是会用图片的形式把所有相关的分子表示出来，以此来让该反应一目了然，而且也更准确、更漂亮。）

这个反应方程式（或许称为"表达式"更合适）描述了反应的过程：丙烷（C_3H_8，在露营时的烤炉和度假屋里常常会用到）在空气中燃烧，和氧气（O_2）结合在一起形成了二氧化碳（CO_2）和水（H_2O）。

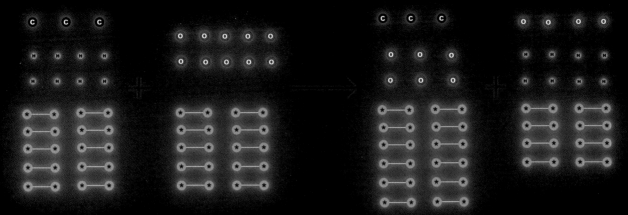

如果你数一数反应方程式两边原子的数量，你就会发现在反应方程式的两边每一种原子的数量都是相同的，在上一个化学反应方程式中，箭头两边都有3个碳原子、10个氧原子和8个氢原子。实际上，在所有的化学反应中，这种现象都会出现，从无例外。原子也是物质，而物质既不会在化学反应中凭空产生，也不会因化学反应而莫名消失。要想做到莫名消失这一点，你需要了解的就是核反应了。那就像一盒完全不同的巧克力，足够再写一本书来讨论了。

如果你数一数化学反应方程式两边原子之间的连线，你就会发现这些线条的数目也恰好是相等的，在上一个化学反应方程式中，两边都有20根线条。既然每一根线条代表了一对彼此连接的原子，这就意味着无论是在反应前还是在反应后都有40个电子参与分子的构建。这并不是一条很严谨的规则，但通常而言是这个样子的。

这两条规则，即反应前后"保持原子的数目不变"和"保持化学键的数目不变"，给了我们一些关于化学反应能否发生的启示。不过，光有这些还不够。

▽ 丙烷燃烧时可能产生的一种荒唐的"结果"

▽ C₃H₈　　　　　▽ 5 O₂

▽ C₃O₄　　　▽ H₃

　　　HO₂　　　H₂O₂

　　　　　H₂O₂

对于一个化学家来说，图中这样的反应方程式看起来让人非常难受。虽然它遵守了我们刚才学到的规则，但这些分子几乎是完全不对的，而且从各个层面看都是有问题的。

对于这些特定的、由20条线段连接起来的原子而言，存在许多种可能的组合方式。所以，当丙烷燃烧时，是什么力量让它自然而然地产生其中的一种结果，而不会产生另一个让化学家嘲笑的、荒唐的结果呢？要理解这一点，我们就必须了解两种驱动整个世界的力量：能量和熵。

能 量

能量，就像一个宇宙需要去抓的痒痒。含有能量的东西是不稳定的，它要么正在运动（被称为动能），要么像一个被压缩了的弹簧处于盘曲、紧张、等待之中，要么像一块伫立在山巅的岩石（被称为势能）。

能量是"守恒"的，也就是说，就人类目前的知识而言，你不可能创造或毁灭能量，只能将它从一种形式转化为另一种形式，或者从一个地方转移到另一个地方。（或者以物质的形式隐藏起来，那就是关于核反应的书里讨论的问题了。）这一规律被称为能量守恒定律。

人们常说，如果你想了解商业、政治或犯罪到底是如何运作的，你就应该"跟着钱走"。而如果你想要理解自然世界，你就需要"跟着能量走"。如果没有能量的转移和转化，就没多少事情可以发生了。

掉落中的石头少了一些势能（因为它的高度降低了），但有了更多的动能（因为它动起来了）。在这个过程中，势能就转化为了动能。

当石头撞在地面上时，它就停住了。此刻，它的高度降低（势能减少），也不再移动（没有动能）。那么，能量去哪儿了？它转化成了空气的振动（声音）和地面的振动，最终以热能的形式告终。坠落的石头让那片地面稍稍升温了一点点。最终，能量会随着温度微不足道的升高而从这个世界上消散。

伫立在高处的石头具有一些势能（因为它被抬起来了），但没有动能（因为它静止不动）。

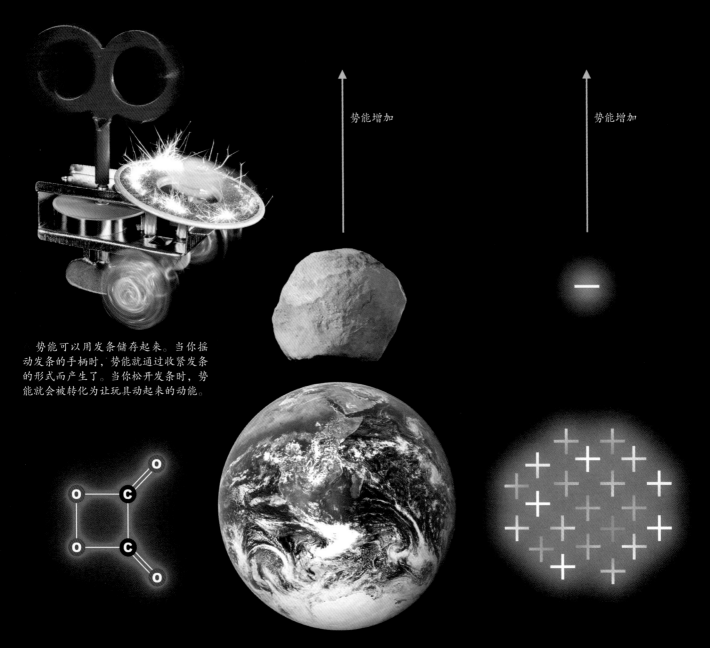

势能增加

势能增加

势能可以用发条储存起来。当你摇动发条的手柄时，势能就通过收紧发条的形式而产生了。当你松开发条时，势能就会被转化为让玩具动起来的动能。

我们看到的这个过氧酸酯分子在上一章里曾出现过。和弹簧类似，在它卷曲、紧张的化学键中也包含了势能。所有的化学键都有点儿像弹簧，它们可以振动。当你拉伸、压缩或扭曲它们时，势能就积累起来了，随后这些势能就会被释放，从而让这些键所连接的原子运动起来。

并不是只有被压缩时化学键才能够储存化学势能。实际上，其中的电子也能够储存势能。电子被原子核中的正电荷所吸引，就像岩石被地核所吸引一样。当我们把一块岩石抬高时，它距离地心就远了一些，从而获得了势能。类似地，当一个电子被从原子核附近拉开时，它也就拥有了更高的势能。当一块岩石更靠近地面时，势能得以释放，而当一个电子离原子核更近时，势能同样也会被释放。

如果你把一块石头放在深井（也就是在地上挖的一个洞）里，它的势能就很低。而把它拿到地面上需要花费很大的力气，因为你必须给它更高的势能才能把它移动到地面上来。而如果你把石头放在一个浅浅的洞穴里，这块石头就比它在深井里有更高的势能，所以你只需要用较小的力气就能把它拿到地面上来。

而这个原理也完全适用于电子。一个非常靠近原子核的电子，可以被认为处于一个较深的"势能井"里。要把它从原子核旁边拉走，就需要做大量的功。而一个远离原子核的电子相对来说更容易被拉走，因为这个工作是从一个较高的势能水平开始的。

这就是为什么一些化学键要比另一些更强大。

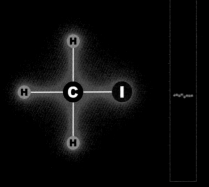

△ 不同的化学键是由不同的电子组成的，这些电子与各自所在原子中心（即原子核）的距离也不同。比如，在碘代甲烷分子中，碳原子和碘原子之间的两个成键电子各自远离自己的原子核而连接在一起。这两个电子都处于一个较浅的"势能井"中，把它们从各自的原子核旁边拉开并不算很难。因此，碳－碘键是较弱的化学键。

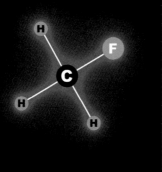

△ 另一方面，在氟代甲烷中，连接碳原子和氟原子的两个电子与它们各自的原子核非常接近，所以势能很小，就像位于深井中的石头。由此产生的效果就是低势能的碳－氟键要比高势能的碳－碘键强得多，要将氟原子从氟代甲烷中拽出所需要的能量大约是将碘原子拉出碘代甲烷时所需能量的两倍。

当一个化学反应发生时，一些化学键被打破了，一些新的化学键被创造出来了。这些化学键可能有不同大小的势能。这就是化学反应所释放出来的那些强大能量的来源，包括火焰、爆炸，以及你身体的温度与活力。当电子从高势能的化学键变成低势能的化学键时，会释放出能量，就像岩石从高处跌落到低处、从浅坑摔进深井里一样。

下面来看看化学反应是如何产生热量的。这里是一个简单而实用的例子：甲烷的燃烧。

构成甲烷和氧气的化学键的电子处于中等深度的"势能井"中。可能的话，它们还可以向下坠落很长的距离。

在很深的"势能井"之中，被重新安排进两个水分子和一个二氧化碳分子之中的这些电子会"下跌"，向井的深处落去。这些电子离原子核更近，因而拥有的势能更低。

当反应发生时，这种电子就会"下跌"而进入较低的势能状态，从而释放出大量的能量来。

那么，能量去哪儿了呢？嗯，让我们想想为什么人类会燃烧天然气，为了取暖嘛！在这个过程中，势能转化为热能。

认识到不同类型的化学键具有的势能不同，我们就能够解释为什么之前看到的那些傻兮兮的分子是如此笨拙，那是因为它们的化学键具有极高的势能。就像在一个房间里到处都是兴奋得上蹿下跳的狗，而房间中间则是一堆保持着微妙平衡的石头，于是它们就非常容易垮下来。而石头的旁边恰好有一些很深的坑洞，那就是一些势能非常低的稳定的化学键，它们蕴含在二氧化碳和水分子之中。

如果把上图中所示的分子全部放在一起，那么在它们发生反应的瞬间，就会发出一道炫目的白光和一声巨响，然后你会发现实验区域里充满了灼热的二氧化碳和水。如果你有适当比例的碳原子、氢原子和氧原子，并且有足够多的热量来让反应进行，那么你最终得到的将总是这两种分子。

式是CH_4，丙烷是C_3H_8，而汽油则是一种混合物，主要包括戊烷（C_5H_{12}）、己烷（C_6H_{14}）、庚烷（C_7H_{16}）、辛烷（C_8H_{18}），以及其他一些各式各样的化合物。每增加一个碳原子，这些分子就会变得更重一些，沸点也会更高一些。

与甲烷相比，在这些大分子中，连接碳原子和氢原子的化学键拥有更高的势能。你可以把它们点

从某种意义上说，叶绿素经历的过程和本书开头看到的荧光棒恰好相反。荧光棒把化学能变成光能，而叶绿素则把光能变成化学能。

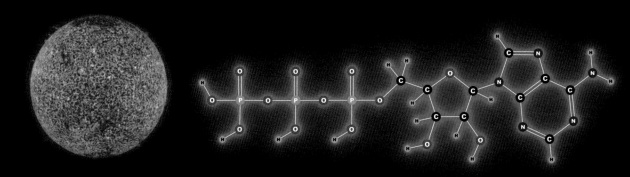

AT，全称是三磷酸腺苷，几乎是地球上所有生物体内能量的主要来源。

燃，让这些分子和空气中的氧气结合，形成二氧化碳和水。然而，这些电子拥有的巨大势能又是从何而来的呢？想要弄明白这一点，我们必须回到最初的地方。

地球上所有生物中的化学势能归根结底都来自同一个地方——太阳。在太阳的深处，核反应会把氢原子变成氦原子。而所产生的氦要比所消耗的氢略微少一些，根据爱因斯坦的质能方程$E=mc^2$（E代表能量，m代表质量，而c指的是光速），这种质量上的差异就会产生能量，并以动能和电磁波（包

括光线）的形式释放出来。

在这些释放出来的能量之中，只有一小部分通过光的形式到达了我们身边。（其余的能量，无论有没有照到其他的某个星球上，最后都进入了太空，让其他星球上的生物看见了太阳，正如我们看到遥远的恒星一样。）

叶绿素

包裹叶绿素的蛋白质环

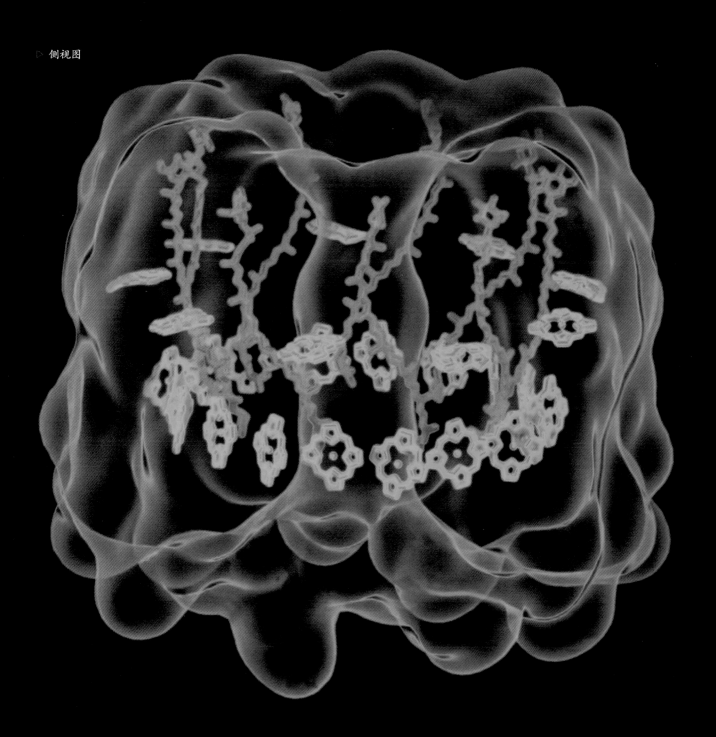

细菌的色素细胞中含有多种叶绿素的蛋白质。

植物的大部分重量以碳、氧和氢原子结合成的高势能的分子形式存在，这种分子就叫作碳氢化合物（参见第105页）。这些物质包括纤维素（树干、树枝和茎叶的结构性材料）、糖分（在植物的汁液和果实中出现）和淀粉（在种子中出现）。这些分子中的碳来自空气中的二氧化碳分子，而氢、氧原子则来自水分子。（这就是说，植物的生长更依靠空气和水分，地面只是提供了支撑作用和一些矿物质。）

正如我们刚刚看到的那样，二氧化碳和水都是势能非常低的分子。把它们变成碳水化合物的过程就像把沉重的石头从深井中取出来，这是需要能量的。而叶绿素所捕获的光能为此提供了转化的能量，这就叫作光合作用（"光"的意思是指阳光，而"合"的意思是把一些分子结合起来变成更大的分子）。

因此，植物中的碳水化合物中所蕴藏的化学势能，从根本上说就是来自太阳的核反应中的质量亏损。阳光带来了能量，孕育了生命。

一株典型的植物。我猜想应该是苏铁。

纤维素

淀粉

麦芽糖（从玉米、麦芽中得来）

果糖

有些时候，植物死后会在地下埋藏很长的一段时间。几十年后，它们就会变成泥炭。数千年后，它们会变得像泥炭木一样黝黑，但还能辨别出原来是什么东西。随着时间的推移，百万年后，在高温和高压的作用下，这些植物转变成了煤块。褐煤，或称棕煤，是最新鲜的产物（如果你可以把一个数百万年前的东西称作"新鲜"的话），而沥青和无烟煤则是它更加致密之后的产物，是从植物的碳水化合物（由碳、氢和氧构成的物质）中转化来的碳氢化合物（只含有碳、氢元素）。

泥炭木

泥煤苔

无烟煤

烟煤

褐煤

典型的煤炭里的分子

在形成煤的过程中，石油就可以被挤压出来。我们把原油抽出来，通过精炼，就得到了汽油。

如果煤被留在地下，则这个过程还会继续，在更高的温度和压强下，生成石墨（纯碳）和钻石（也是纯碳，只是碳原子以一种昂贵得多的方式组织起来）。

在第3章（参见第90页）中，我们将看到一个工厂（称为炼油厂）的图片，该工厂可以把原油变成汽油。这是一个类似下跌的过程：汽油中所蕴含的化学势能并不比原油中的化学势能更多。实际上，其中的一些能量被用来支撑这个工厂的运转，但汽油中含有的能量还是不少的。

所以，汽油所含有的能量全部来源于阳光，不过是很久以前的阳光了。

彩色钻石

石墨

原油

钻石原石

典型的原油中的分子

C_7H_{16} 11 O_2

7 CO_2 8 H_2O

现在想想，你把约3升的汽油加到汽车里，然后开车上路，直到汽油用完，这个过程中会发生什么。

当汽车开起来以后，汽油会和氧气结合，释放出它所储藏的来自阳光的能量，制造出一些低化学势能的分子（二氧化碳和水）。这些化学势能就被转化成了行进中的汽车的动能。当汽车加速时，它得到了更多的动能。当它停下时，汽油的势能就消失了，汽车的动能也不见了。那么，这些能量去了哪里呢？

当我们把一块石头扔在地上时，所有的能量都以温度升高的形式（热能）消散。同样，汽车的运动让它周

量，那些曾经在地球年幼时加热过地球的能量，就会再一次温暖地球。

根据能量守恒定律，如果你把汽车所释放出来的能量都加起来，它就刚好等于汽油中含有的化学势能（包括助燃的氧气里的）与燃烧之后生成的水、二氧化碳中含有的化学势能之间的差值。

你会发现，能量的最终结果都是以热量的形式在环境中广泛地散发开来。每一台做有用功的机器都会同时放出热量。若一个东西正在滚动、滑动、跌落、飞行或者以其他方式运动，当它停下来后，它所具有的动能就

化学反应的方向

在 刚才的例子中，有一件事很明显，但我还是要再提一下。那就是这个过程中的每一步都是不可逆转的。煤块不会变回植物，汽车也不能自己停下来或者在后退时再产生汽油。当然，如果你把视频倒过来放，通常可以看到这些不可能的事情正在发生。对于时间，我们有一种直观的感觉：很多事情是自发地发生的，而且只能在某一个方向上自发地发生。

煎好的鸡蛋没办法变回生鸡蛋，你也没法把燃烧过

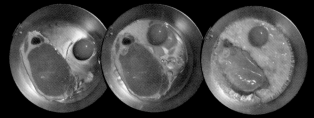

的汽油再变回去。为什么呢？是什么法则或规则规定了事情只能朝着一个方向自发地发生？一个诱人的答案，或许可以说，化学反应只会按照释放化学键所蕴藏的化学势能的变化方向发生。这和我们之前说的石头的例子是吻合的。

我们都知道一件事情，石头总是会往下跌落，而不会自己朝上升起。球会朝着坡下滚去，而绝不会朝着坡顶滚动。这显而易见，对吧？所有的重物总是试图让自己的位置更低。另一种说法是：石头会自发地朝着势能较低的方向移动。如果你想要让石头进入一个势能更高的状态，你就不得不对其做功，把它抬升到那个位置。

因此，我们认为电子也会做类似的事情，电子也总是尝试落入势能较低的状态之中。这就意味着，如果化学反应会释放势能，它就会自动发生；否则，它就不会发生。在很多情况下，这是一个不错的经验性规则。电子就像石头，被拉向势能较低的状态，从而自发地发生释放能量的化学反应，这是非常普遍的现象。

然而，并非所有的化学反应都遵循这一规则。

有许多例子表明化学反应还可以以其他的方式进行。比如，电子自发地"爬升上坡"进入势能更高的状态。这就像石头自己往山顶滚去，或者说它把自己从井里抬了出来。

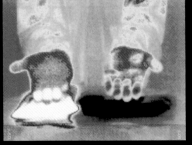

热成像相机可以展示从8摄氏度（冰袋）到55摄氏度（热敷）的温度变化。

当电子通过一个反应进入低势能状态时，额外的能量就会以其他形式释放出来，比如说热能。"暖宝"就是一个完美的例子，硫酸镁在水中溶解所放出的势能使得它的温度升高。在这个反应中，电子就"下坡"到了低势能状态。

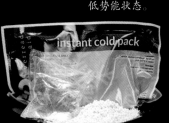

这个袋子看起来和"暖宝"很相似，它有一个装有粉末的外袋和一个装有水的内袋。如果你刚刚扭伤了踝关节，一定要选择正确的包装，因为当它被激活时，得到的效果是冰敷而非热敷。

在上一页中，我们看到的那个冰袋（可能你曾误以为它是"暖宝"）在发生化学反应的同时吸收了能量，并将其储存为化学势能。在氯化铵溶解于水的过程中，电子"爬升上坡"，进入了一个高化学势能的状态，这个过程吸收了混合物中的热量，从而使它变得冰冷。

因此，这种"跌落下坡"的原则不能用来定义化学反应的方向。因为有许多例外情况，正如上面的这个例子一样。

那么，我们是否可以用能量守恒定律来定义化学反应的方向呢？在本章的前半部分，我们已经了解到能量从不会被创造，也不会被毁灭。（如果有人向你推销某种机器，它可以从一无所有中创造出能源，千万不要买！因为能量守恒定律不是一个能讨价还价的定律，这一定是个骗局。）

能量守恒定律会清楚地告诉你什么是不可能发生的，什么是你不该上套的骗局，但它并没有告诉你什么可能发生。在任何特定的情况下，都会有超过一百万件事情可能发生，而且这些可能性都不违反能量守恒定律，但实际上其中只有一件事会自动地发生。

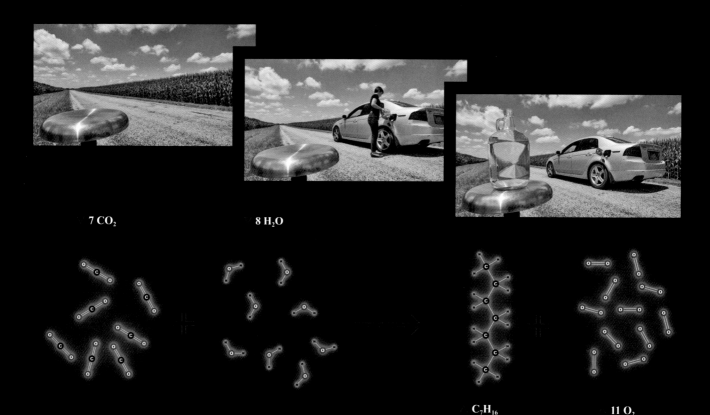

7 CO₂   8 H₂O

C₇H₁₆   11 O₂

假设某辆汽车里装有一种像被施了魔法的发动   让周围的空气稍稍变冷而产生的。

熵

下降到能量较低的状态与能量守恒定律这两个概念都没能定义时间的单向性。我们需要一个全新的概念：熵。

熵，或许是最容易被误解的一个科学概念。几乎每个人都搞错了，包括教科书、教师、科研人员以及每个试图弄懂它的学生。

幸运的是，在这里你会得到一个至少不是错误的解释，虽然这个解释让人有点儿难以接受。简单来说，熵是衡量能量如何分布的一个尺度。能量越分散，熵也就越高。

假设有一个系统，里面包括 3×3 的棋盘以及 3 枚棋子。

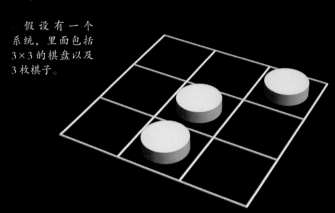

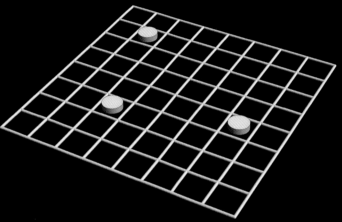

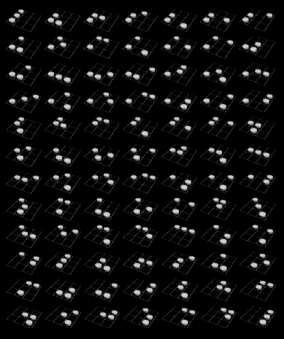

这 3 枚棋子在棋盘中可能有 84 种不同的排列方式，我们把它们都展现在图中。棋盘就是物理空间，而这 84 种排列方式就是可能的状态空间。

如果我们把物理空间，也就是那个棋盘扩大到 8×8 的格子，那么这 3 枚棋子就会有 41 664 种可能的排列方式（当然，我不会把它们都画在这里）。当我们把物理空间变大一点儿时，状态空间就变得大多了。

现在，我们假设不扩大棋盘，让它保持物理空间不变，但我们既允许棋子平躺在格子里，也允许棋子立在格子的边缘。那么，在这个 3×3 的棋盘里，我们就会得到 672 种可能的排列方式，而不是 84 种。也就是说，在物理空间不变的前提下，我们让状态空间变得更大了，从 84 种变成了 672 种可能的状态。这是因为我们允许有更多的灵活性——允许每个棋子有更多可能的状态。

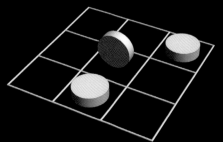

这里"空间"这个抽象的定义就是拿来定义"熵"的。状态空间变大或变小，却不改变它所占有的物理空间的大小。

那么，熵，或者说状态空间，在化学中是如何起作用的呢？我们不再讨论如何在棋盘上排列棋子，而是讨论在原子、分子的集合中能量分布的各种可能性。比如，在某类特定的化学键或者原子在某个特定方向上的运动中所蕴含的能量。每个不同的模式、不同的维度都可能用来储存能量，这就大大丰富了储存能量的方式。

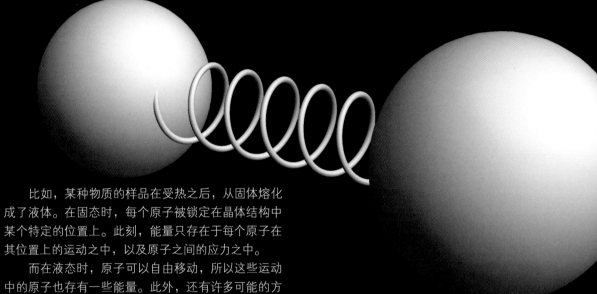

比如，某种物质的样品在受热之后，从固体熔化成了液体。在固态时，每个原子被锁定在晶体结构中某个特定的位置上。此刻，能量只存在于每个原子在其位置上的运动之中，以及原子之间的应力之中。

而在液态时，原子可以自由移动，所以这些运动中的原子也存有一些能量。此外，还有许多可能的方式将能量储存在这些滑动中的原子之间。允许原子自由移动，就有点儿像刚才例子中的"允许棋子立在格子边缘"。这是一个新的自由度，由此而让原子在相同的物理空间里有了更多的变化形式。

而系统的熵就是用来计算这个系统中可能存在的能量分布形式的总数（从技术上说，是这个数字的自然对数）。

所以，在其他条件不变的情况下，液态是一种熵值较高的状态，这并不是因为它的分布更随机，也不是因为它占有的空间更大，而仅仅是因为能量在这种物质中有更多不同的分布方式。

在定义了"熵"之后，现在我们可以揭示对于熵来说最重要的事情了：熵总是在增加。正是熵定义了时间的方向，也是熵让一切都最终失去了意义。

固体   液体

关于能量与熵值的法则

在孤立系统中，能量保持恒定；在封闭系统中，任何变化都会导致熵值增加。

以上这两条法则放在一起就确定了这个世界上什么事情真的会自发地发生。

第一句话通常被称为能量守恒定律，也叫作热力学第一定律，第二句话则被称为热力学第二定律。这两条定律的重要意义怎么说都不过分。通过它们，可以对各种各样的主题和场景有所理解，而当你能对它们的作用方式有直觉般的理解时，就会对原本觉得神秘的世界有了清晰的认识。

热力学第二定律，即熵总是随着时间的流逝而增加，也正是定义时间的方向性的物理法则。我们对于时间的所有直觉，比如能够立即察觉到一个视频正在朝后播放，都归结于我们对熵有一种直觉以及深刻的认识，相信它只是随着时间的流逝而不断地增加，这种认识几乎是一种潜意识了。

目前，我们还不能解释能量守恒定律的成因。但我们非常确定，在任何一个经过测量的过程中，能量总是守恒的。这是确凿无疑的，但我们不知道这是为什么。但是，我们确实知道，为什么熵总是在增加。在这项法则的背后是数学上的确定性。

这个原因非常令人信服，同时也难以掌握。从某种意义上说，它比其他任何物理定律都更加真实可靠，因为它不依赖世界上的任何测量与研究。或许，你可以期待找到任何物理定律（包括能量守恒定律）的例外或特殊情形，但别指望能够逃脱数学上的确定性。

（嗯，顺便说一下，你可以跳过下面这一段，因为它真的很难理解。我花了30年的时间，并和一位专家交谈了很久，终于才算是把它给弄清楚了。或许，我写了这神奇的一节，让你能够在一夜之间就理解这个问题，但我对此表示怀疑。不管怎么说，我已经尽力来描述了，如果你要跳过这一段，请随意吧！）

左侧图中这两个立方体表示了两个状态空间的相对大小，即一个小的、低熵的状态和一个大的、高熵的状态。它们可以对应于物理上的体积，但我们实际上要谈论的是前面描述过的、抽象的、可能的各种构型问题。

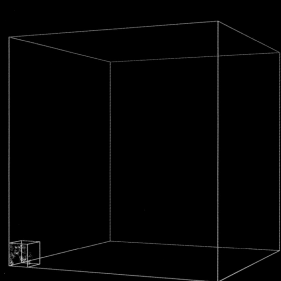

想象一下，我们是从这个小的、低熵的盒子（比如一升未燃烧过的汽油）开始的。现在的状态（意思是其中所有原子的精确速度以及原子间所有的应力）由一个单独的点来表示（对于那些明白这意味着什么的人来说，这个状态是维度极高的空间，系统中的每个原子都有多个维度）。这一状态下的点在这个小盒子里进行随机的快速移动，探索系统中每一个可能的状态。

现在想象一下，我们让这个小盒子的几个侧壁都突然消失了，并把这个系统放到一个更大的盒子之中。对应地，就是让反应发生：点燃这1升汽油。现在，这些表示系统状态的小点可以在更大的空间内随机地移动。这就体现了时间的移动方向：系统已经达到了一个熵值更高的状态。

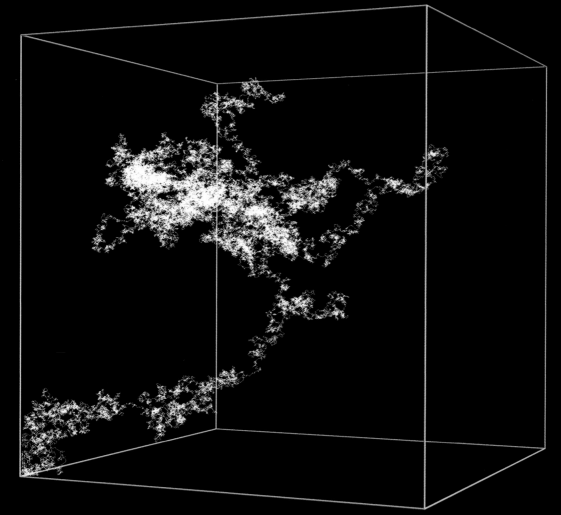

　　要让系统返回原来的低熵状态，需要做些什么呢？那就是表示当前系统状态的这些小点全都必须自发地返回角落里那个原来的小盒子里。这是万万不可能的，哪怕在我们所描述的这个例子里小盒子的体积只有大盒子的千分之一。

　　请记住，这些体积表示的是抽象的状态空间，而不是物理的、实际的体积。在现实世界中，我们可以算出这个熵的情况对应的虚拟空间的尺寸。在一个典型的例子中，大小两个空间的尺寸差异是如此巨大，需要一段长到无法想象的时间，才能让这些点都回到最初的小盒子里去。在现实世界里，系统自发地返回低熵状态所需的时间是如此漫长，大概只有宇宙本身的年龄才能与之相比。

　　系统，总是从低熵的结构变化到高熵的结构，这仅仅是因为这么做的可能性比反过来的可能性大得多。如果有超过十亿亿亿亿亿亿亿种方法能让系统处于高熵状态，那么你就总会得到这种状态。

　　熵，是一个深刻而令人满意的话题，这需要时间来消化。如果你第一次读完觉得没有意思的话，可以明天再来重读一遍这一部分。

　　此刻，我们已经了解了一些关于元素、分子和反应的知识，以及控制它们的能量和熵的定律。应该说，我们已经准备好要进入这个世界，看看在哪里能够找到一些有趣的、美丽的、可怕的、重要的或无用的化学反应。

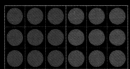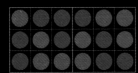

△ 你常常发现，实际上几乎总是可以看到这样一句话："熵是一种随机性的程度。"你可能会听说，一个高度有序的系统（比如所有的蓝色小球都在某一侧）就是一个低熵的系统，而一个随机性的系统（比如各种颜色的球混在一起）就是一个高熵的系统。在通俗的、非科学性的语言中，熵就意味着随机性或者混乱。这么说倒也没问题，只要人们不把它用在化学领域里就好。不妙的是，在高中的化学教科书里，也是这么来定义熵的概念的。这是一种完全错误的描述。对于化学而言，熵和随机性毫无关系。没错，用熵来描述的系统会有随机性的波动，但熵本身并不是一个随机性大小的量度。正如我们在这一章里提到的那样，熵描述的是能量分布的广泛性，而不是物质内部的组织性。

△ 有时候，你或许听过一类富有诗意的谈论，说已经知道能量不可能被摧毁。他们说，这是多么美妙，因为这就意味着人们用爱所创造出来的能量将永世长存。他们的灵魂伴侣可能会死于某个意外，但其爱所产生的永恒的能量将永远与他们同在。

问题是，爱并非能量带来的现象，而是能量分布的结果。它来自你的大脑中的模式和组织结构，并建立在物质和能量的基础之上。换句话说，爱是熵的孩子，而非能量的产物。

对这些模式而言，就如同能量守恒定律那样，并不存在任何"爱"的守恒定律来支持他们。缘聚缘散，花谢花开。实际上，熵增定律表明，爱是迟早会消失的，只是或早或迟而已。曾经的模式变成了虚空，就像粉笔画在风雨中消散了一样。即便被冲进下水道里，粉笔屑依然存在，但那幅画已经不见了。

你的爱，以及任何一个曾经爱过你的人的爱意，都会不可避免地被冲走，最终无可阻挡地流进下水道，这就源于熵增的基本原理。太阳会吞噬地球并将它变为灰烬，然后太阳将会变成一颗白矮星，默默无闻地死去。

这真是令人遗憾的故事。

3

奇妙反应在哪里

　　化学这门课程，可能被你在高中时记恨过或者将来会记恨，或者你现在正在记恨着。但是真正的化学，也就是你身边的世界，与化学课是不同的。在学校之外的世界里，化学是一系列你随处可见的惊人的颜色、气味、声音和体验。在本章中，我们将轻松地浏览一些按反应的场景来分类的有趣反应。

　　人是怎样意识到化学反应正在发生的？几乎任何时候，事物的状态发生改变就是因为化学反应。食物变成了粑粑？这是化学反应。车驶过城镇？这是化学反应（外加一些机械原理）。化学反应的类型太多了，我们没法在此书中一一讨论它们。

　　我不可能面面俱到，因此从那些以化学角度看世界的观点中，我将选择一些我觉得最有趣、最有力的来说明。

在课堂上

几乎任何教过化学的人都曾在他们的课堂上演示过一系列化学反应。至少过去是这样。令人遗憾的是，很多实验演示越来越少见，因为安全和预算不足的问题已经比培养下一代科学家、保持人类文明正常运行更重要。

你经常听到人们把这些反应称作"科学实验"，但这是"实验"一词的草率使用。"实验"的重点在于，它的结果是未知的。一个实验，是应该能够带来新的知识的。

上面提到的"科学实验"更恰当的名字是"演示"，因为它们其实和实验彻底相反。如果你并不是百分之百地确定这些反应是什么，那么你就不应该在满教室的学生面前做这个！

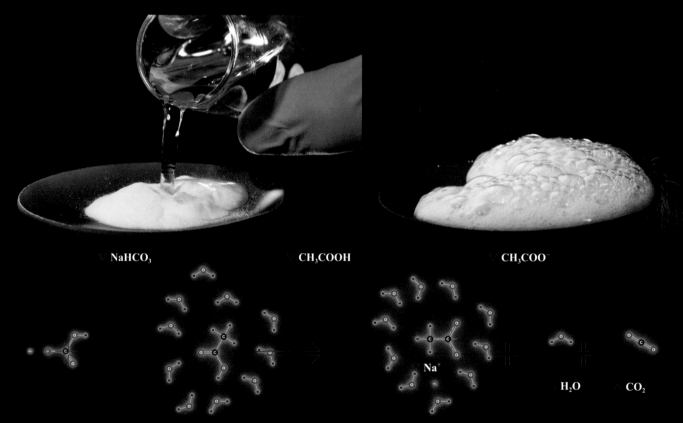

▽ NaHCO₃　　　　　　　CH₃COOH　　　　　　　CH₃COO⁻

Na⁺　　　　　　　　　　　　　　　H₂O　　　CO₂

△ 这是一个常见的"家庭自制的奇妙化学反应"。在我为科普杂志供稿的 10 年中，我竭力避免写到这个反应。对我来说，这样的"化学"就是无聊。这就好比那种"你父母觉得你应该做点啥"的时候你会去做的东西。

但是它的确有魅力，所用到的材料基本上在厨房里都找得到。小苏打是化学物质碳酸氢钠（NaHCO₃）的俗名。

醋除了水以外的主要成分是乙酸（CH₃COOH）。1 个碳酸氢钠分子加上 1 个乙酸分子，反应后将得到 4 种东西：1 个水分子（H₂O）、1 个可溶的钠离子（Na⁺）、1 个可溶的乙酸根（CH₃COO⁻）和 1 个二氧化碳（CO₂）分子。二氧化碳是一种气体，所以你会看到气泡。真的好棒啊！

市面上有很多含有小苏打和醋的实验套装，可以造出"火山"。小时候，我觉得还是挺容易上当受骗的。火山？现在我可不这么认为。火山喷涌而出的灼热火红的岩浆会吞噬前进之路上的一切。但是用这种"火山"套装，可搞不出来这种东西来。它连厨房里的桌子都不会烧焦，真是无聊透了。

过了一会儿（大概两分钟之后吧），我就查明白了，我完完整整地了解了这个骗局的真相！它其实是个吸热反应，意思就是这个反应在发生的时候需要吸收热量。类似于上一章里我们了解过的冰袋，但没有那么极端。这个反应何止造不出火热的岩浆，它造出的只是冒着气泡的汤水，而且比起始的那些原料还要稍微冷一些！简直让人难以置信。

这事儿就是个彻头彻尾的骗局。更过分的是，不止一份说明书里说，如果你不用小苏打和醋，而改用氧化铁和铝粉，就真的能制造出灼热的岩浆，可能把桌子烫穿。拜托，提示一下小朋友究竟怎样才能做出广告上的效果，很难吗？

不过，这可能也是件好事。在为小苏打火山而苦恼的时候，我的年纪还小，还未能了解（弄不到材料）如何才能真的弄出一个喷发灼热岩浆的化学演示。从技术上讲，这是灼热的液态铁，但实际上更精彩。你能想象一个正在喷发液态铁的、真正大小的火山吗？那一定很酷炫吧！

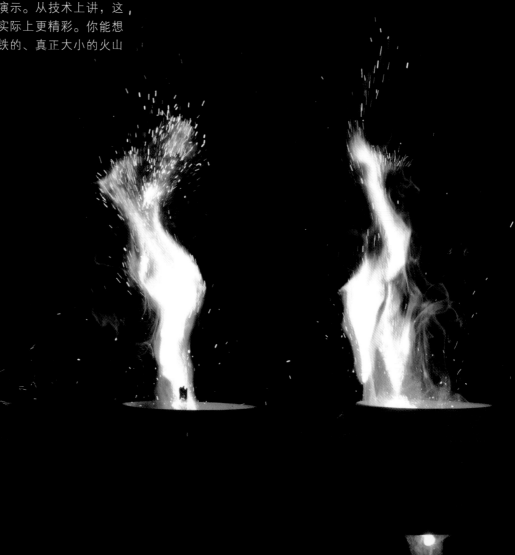

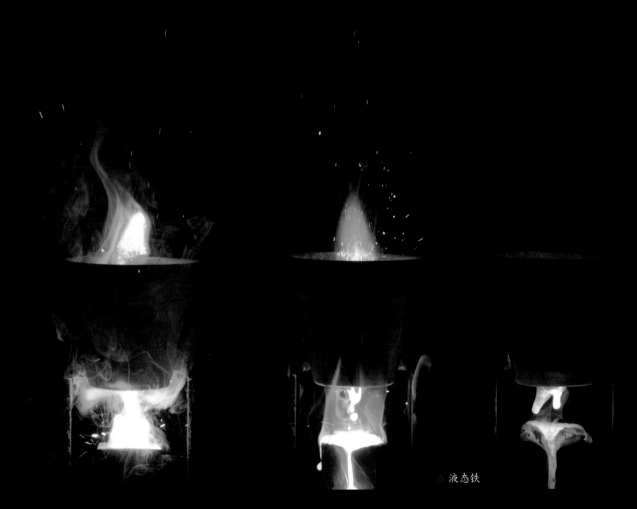

▽ 这个反应可以在课堂上演示，但实际操作可以说是难上加难。向每一位做过这个演示的化学老师致敬！

△ 液态铁

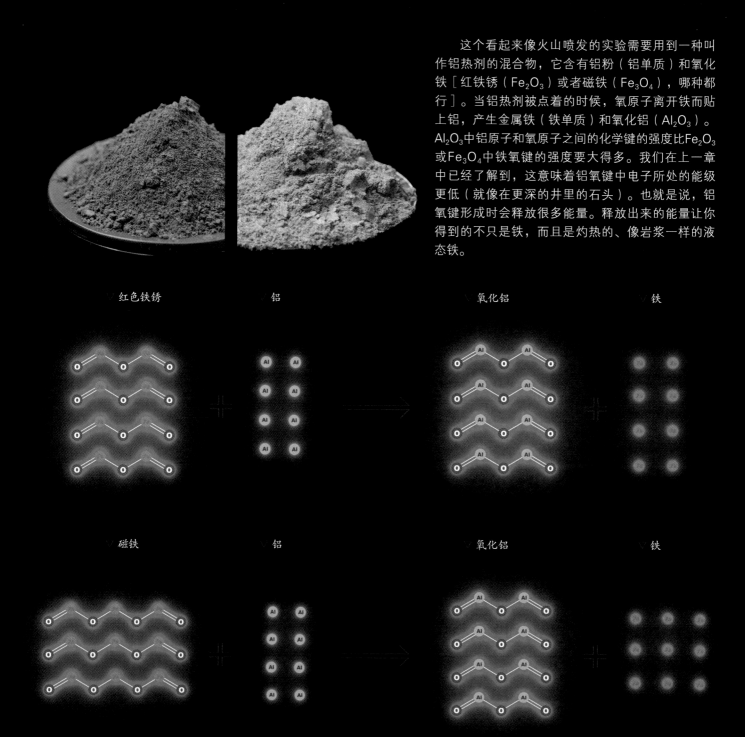

这个看起来像火山喷发的实验需要用到一种叫作铝热剂的混合物，它含有铝粉（铝单质）和氧化铁［红铁锈（Fe_2O_3）或者磁铁（Fe_3O_4），哪种都行］。当铝热剂被点着的时候，氧原子离开铁而贴上铝，产生金属铁（铁单质）和氧化铝（Al_2O_3）。Al_2O_3中铝原子和氧原子之间的化学键的强度比Fe_2O_3或Fe_3O_4中铁氧键的强度要大得多。我们在上一章中已经了解到，这意味着铝氧键中电子所处的能级更低（就像在更深的井里的石头）。也就是说，铝氧键形成时会释放很多能量。释放出来的能量让你得到的不只是铁，而且是灼热的、像岩浆一样的液态铁。

红色铁锈　　　　　　铝　　　　　　　　　氧化铝　　　　　　铁

磁铁　　　　　　　　铝　　　　　　　　　氧化铝　　　　　　铁

如果你想让演示实验看起来更像真正的火山，你可以让液态铁跌落到一桶水中，爆起的水蒸气会带着炽热的铁屑飞溅到空中，如同火山爆发。我真心不建议你做这个实验，特别是在课堂上。我讲个故事，就不说主人公姓甚名谁了。一位德高望重、经验丰富的大学教授跟我说，他上一次做实验出错的时候，孩子们的衣服都被消防队员浇得湿透了，这个画面深深地印在了我的脑海中。啊，过去那个简单的时代……你可能差点儿烧到了坐在前排的学生，或者开了某个不恰当的玩笑，却不必担心丢掉饭碗。但是认真地说，朋友们，刚才说的小插曲非常危险，没人受重伤，真的只是因为运气太好。请慎重对待铝热剂，否则它会给你好看。

▷ 顺便多说一句，做铝热反应演示的时候，最好别用那种特别便宜的陶锅。

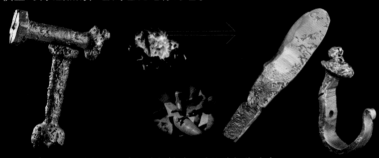

△ 通过在破旧的陶锅里所进行的粗糙的、原始的铝热反应，可以制得粗金属。但这是真正的金属，能锻造成各种有用的东西，比如叮咚作响的铃铛。这里粗糙的刀和衣钩就是用传统的铁匠手艺，靠着煤、火、锤子、铁砧打造出来的。特别棒的是，它们完全来自我躺在沙滩上时用一个凉鞋形状的开瓶器所收集起来的沙子。（关于此故事，请见第92页，而关于专业的铝热反应是何种模样，请见第96页。）

▽ 铝热反应进行得挺慢。正如你在下面的图示中所见到的，从锅的顶部一路烧到底部，大概需要5秒（看着液态铁在你的眼前生成，5秒相当长了）。锅底有个用铝塞子堵住的洞，反应进行到底部时，铝塞熔掉，液态铁就流出来了。

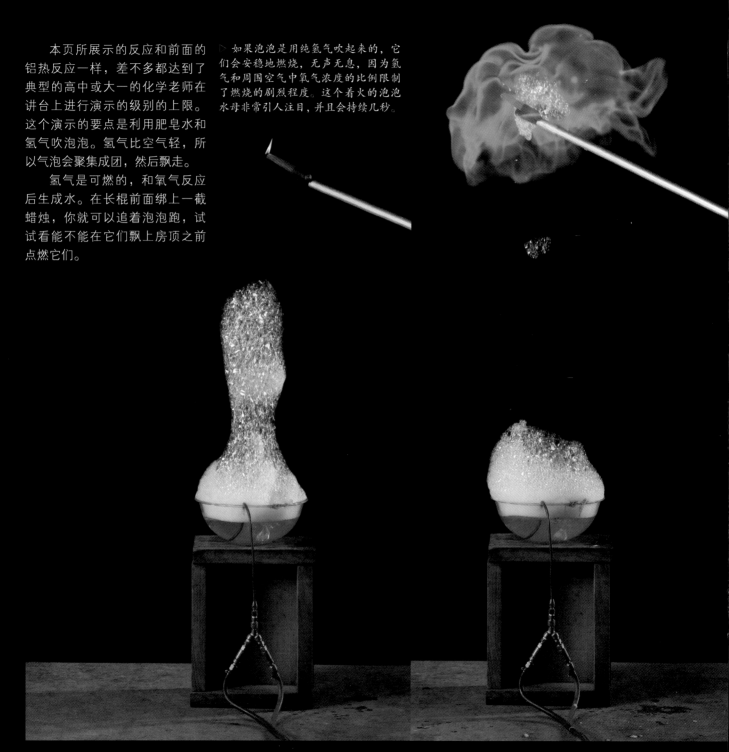

　　本页所展示的反应和前面的铝热反应一样，差不多都达到了典型的高中或大一的化学老师在讲台上进行演示的级别的上限。这个演示的要点是利用肥皂水和氢气吹泡泡。氢气比空气轻，所以气泡会聚集成团，然后飘走。

　　氢气是可燃的，和氧气反应后生成水。在长棍前面绑上一截蜡烛，你就可以追着泡泡跑，试试看能不能在它们飘上房顶之前点燃它们。

▷　如果泡泡是用纯氢气吹起来的，它们会安稳地燃烧，无声无息，因为氢气和周围空气中氧气浓度的比例限制了燃烧的剧烈程度。这个着火的泡泡水母非常引人注目，并且会持续几秒。

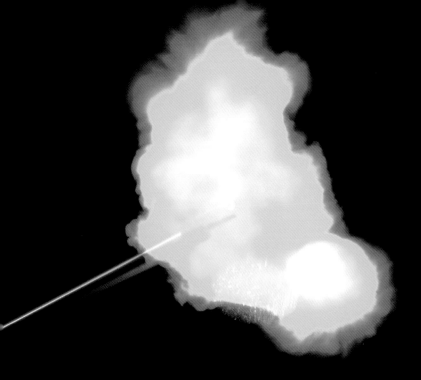

让我来说说我住的地方。最近的一位邻居离我的直线距离大概也有1 000米。他们知道我这个人平时是怎样的，所以没什么能惊到他们。这是美国伊利诺伊州的乡下，大家都有枪，有时候还以射击为乐，因此发出点声响很常见，没人在乎那点响动。但是，我们拍摄氢气肥皂泡的时候，警察倒是来了。

第一个给我展示氢氧肥皂泡燃烧的人，就是那位搞砸了铝热反应的教授。那时候，黑板上的板书还是用粉笔写的。我确定，他是故意在演示之前写下了洋洋洒洒一大篇粉笔字的。这样泡泡爆炸，震掉黑板上所有粉笔灰的时候，他就能开个"化学老师得粉笔灰肺"的玩笑了。

如果你吹泡泡时用的不是氢气，而是氢气与空气的混合气体，那么结果就大不相同了。既然两种气体预先混合了，那就没什么能拖慢反应的脚步了。你混入的氧气越多，反应越剧烈，直到混入的氧气的体积是氢气的一半。在这个"化学计量"比例下进行反应，点燃后发出像枪声那么大的爆炸声，响到能够震醒邻居。

这个氢气泡的结局很惨。"兴登堡号"飞艇爆炸就是由飞艇中的氢气着火引起的。罹难者众多，但死因是高空坠落，而非火烧。氢气太轻了，使得火焰迅速地向上飘走，远离了不幸的人们。

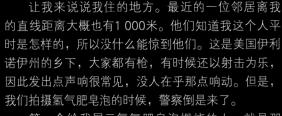

虽然罕有人提起，但值得庆幸的是，爆炸的"兴登堡号"飞艇中充满的是氢气而非氢气-空气的混合物。"兴登堡号"燃烧得很缓慢，就像我们的纯氢气肥皂泡燃烧时一样。如果当初它里面充满的是氢和空气的混合气体，那么它就相当于一颗巨大的炸弹，会把附近相当大的区域都夷为平地。

燃料-空气炸弹爆炸时，首先要有一点儿可燃气体泄漏到大量空气中，然后混合物突然被点燃。如果先点燃的是可燃气体，那么整个燃烧过程就可能很平静；但如果可燃气体和空气混合之后才被点燃，那么就会形成威力巨大的爆轰，产生的冲击波甚至可以用来清除几百米范围内的地雷。

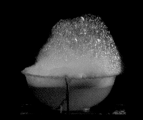

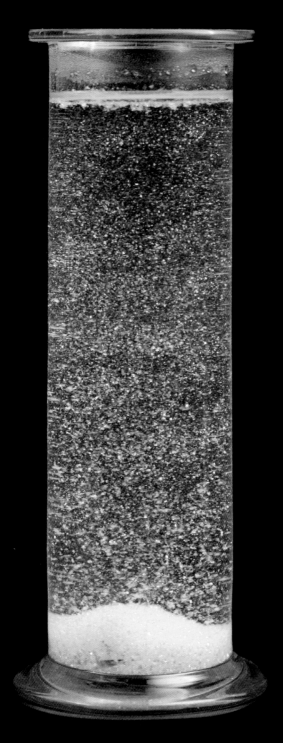

很多在课堂上演示的实验都属于"往这里倒点儿那个，结果就出来了"的类型。这种"结果"基本上离不开颜色变化、沉淀物生成或者气泡生成。如果你非得让我说的话，大多数这类演示都很无聊。我的意思是，你可以从每种实验里都学到点儿有趣的东西，但是它们也只是改变了颜色而已啊。

这类演示中有一个美得不寻常的名字，叫"金雨"。可能把它叫作"美丽的死亡之雨"更合适，因为这里的"雨"其实是碘化铅（PbI_2）。如果这种"雨"下到了农田里，就会毒害土地整整一代人的时间。

将一定量的碘化钾（KI，在水中的溶解度很高）溶液与硝酸铅〔$Pb(NO_3)_2$，溶解度同样很高〕溶液混合，就能得到金雨。在反应中，碘原子迅速找到了配对的铅原子，与之结合成微小的碘化铅晶体，而碘化铅在水中的溶解度并不高，因而形成微小的晶体沉淀下来，也就是你所看到的"金雨"。

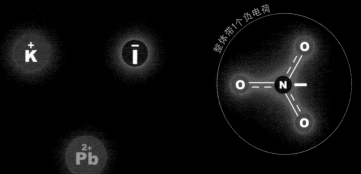

整体带1个负电荷

在这个演示的初始溶液中，钾、铅和碘都以"离子"形式存在。回想上一章的内容，我们已经讨论过，原子中带负电的电子的数目和原子核中带正电的质子的数目一模一样，所以原子是不带电的，也就是呈"电中性"。但是原子也可以带上或者失去几个电子，从而带上了负电或者正电。这时，它们被称为"离子"。例如，铅原子和钾原子相当容易失去电子，然后以Pb^{2+}或者K^+的形式存在，即带正电的原子。相反，碘原子更倾向于带上多余的电子，成为带负电的碘原子，也就是I^-离子。

由多个原子结合而成的分子团也能以离子的形式存在。在这个演示中，硝酸根离子就是由4个原子（1个氮原子和3个氧原子）结合起来的，还带1单位的负电荷。硝酸根离子中的化学键既不是单键（一对共用电子）也不是双键（两对），而是介于这二者之间的一种状态，多余的电子由3个氧原子共有。因此，这种化学键最好以一条实线加一条虚线的形式画出，表示"情况复杂"。

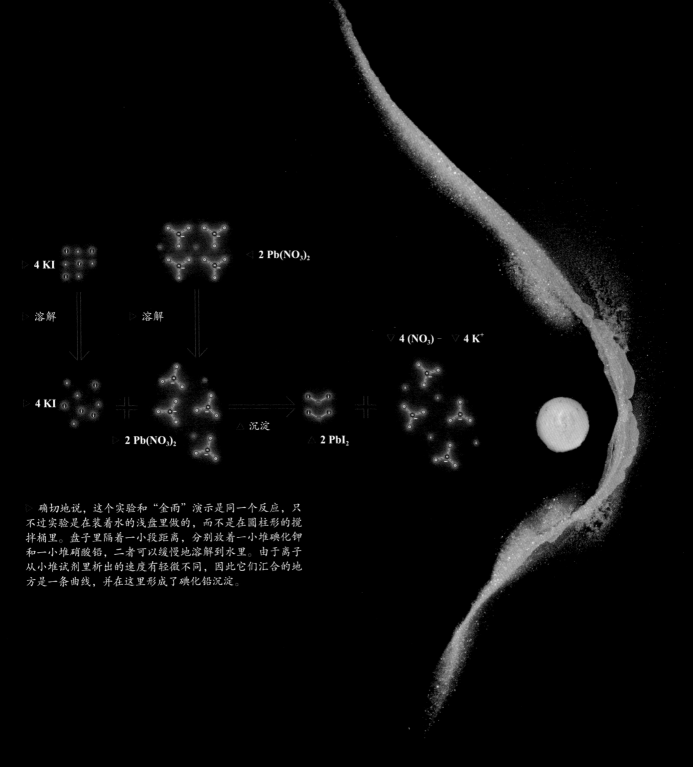

4 KI

2 Pb(NO₃)₂

溶解　溶解

4 KI　**2 Pb(NO₃)₂**　沉淀　**2 PbI₂**　**4 (NO₃)⁻**　**4 K⁺**

确切地说，这个实验和"金雨"演示是同一个反应，只不过实验是在装着水的浅盘里做的，而不是在圆柱形的搅拌桶里。盘子里隔着一小段距离，分别放着一小堆碘化钾和一小堆硝酸铅，二者可以缓慢地溶解到水里。由于离子从小堆试剂里析出的速度有轻微不同，因此它们汇合的地方是一条曲线，并在这里形成了碘化铅沉淀。

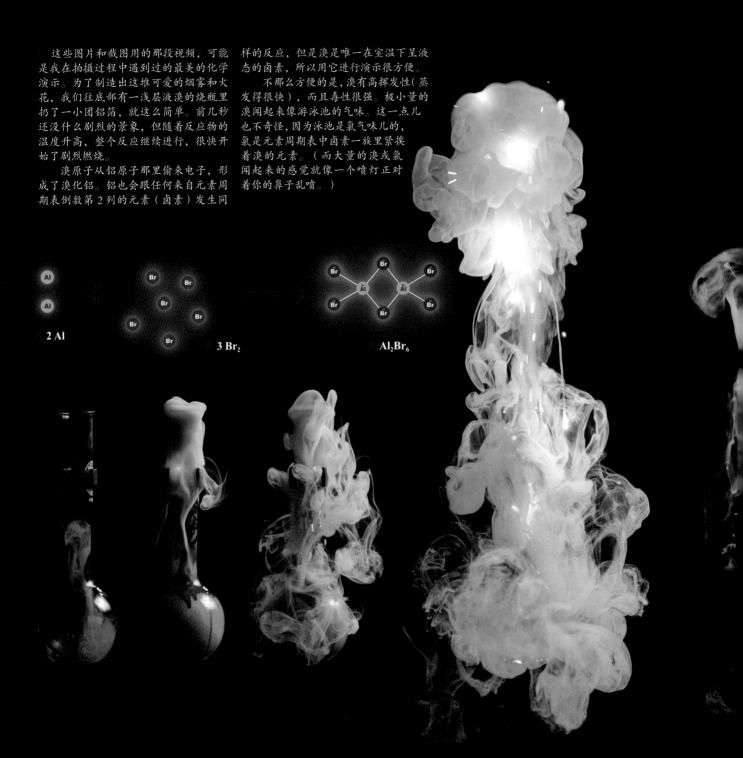

这些图片和截图用的那段视频，可能是我在拍摄过程中遇到过的最美的化学演示。为了制造出这堆可爱的烟雾和火花，我们往底部有一浅层液溴的烧瓶里扔了一小团铝箔，就这么简单。前几秒还没什么剧烈的景象，但随着反应物的温度升高，整个反应继续进行，很快开始了剧烈燃烧。

溴原子从铝原子那里偷来电子，形成了溴化铝。铝也会跟任何来自元素周期表倒数第 2 列的元素（卤素）发生同样的反应，但是溴是唯一在室温下呈液态的卤素，所以用它进行演示很方便。

不那么方便的是，溴有高挥发性（蒸发得很快），而且毒性很强。极小量的溴闻起来像游泳池的气味。这一点儿也不奇怪，因为泳池是氯气味儿的，氯是元素周期表中卤素一族里紧挨着溴的元素。（而大量的溴或氯闻起来的感觉就像一个喷灯正对着你的鼻子乱喷。）

2 Al

3 Br₂

Al₂Br₆

正如我们在上一章中所了解的，当电子从一个分子转移到另一个分子时，或者从一个化学键转移到另一个化学键时，化学反应就发生了。运动的电子有另外一个名字——电流。所以说，可以用电力驱使化学反应进行就一点儿也不奇怪了。

这里演示的是电流怎样使铬原子（以溶解的 Cr^{6+} 离子形式）转移到一组猴子摆件的表面，铬原子在其表面形成了一层薄薄的金属铬。几伏特的电压就足以使铬从溶液中析出，跑到猴子摆件的表面上（猴子摆件连接着电池负极）。

这种电镀可以在课堂演示中做，也可以在工业中应用。从廉价的首饰到汽车保险杠上闪闪发亮的铬层，你都可以看到这种工艺的效果。

其实，厨房中到处都能看到化学物质和化学反应。日常烹饪的步骤甚至对应得上化学实验室里的正规操作步骤：取少量不同种类的化学物质，根据对质量和体积的要求将它们混合，并将其溶解在水或酒精之类的溶剂里，然后以搅拌、加热、冷却等手段促使化学反应开始进行。换句话说，你是在按照菜谱做菜。

有多少人嘴里说着他们只使用天然的和不含化学物质的食材，手上却在操控着化学反应，这可真滑稽。事实上，每种食材都是化学物质。看哪，如果你正在吃某种食材，它就是一种化学物质。别想这些了，咱们还是来聊聊你用这些美味的化学物质能做的化学反应吧。

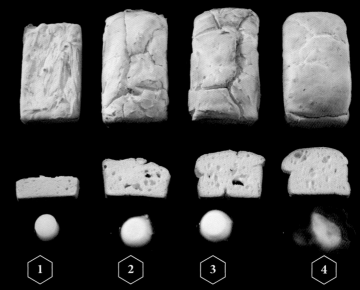

① ② ③ ④

这种东西没那么蠢，但看到它仍然有点儿不开心，它的名字是"无化学物质添加"玉米粥。就像其他所有食物一样，玉米粥里全是化学物质，比如淀粉、糖类和纤维素，当然还有上百种其他的微量成分。

有时候，烹饪的首要目的是让东西变硬。柔软、蓬松的面团变成较硬的面包，是因为谷蛋白通过扩展、相互联结，把整个面包的内部组织结合成了一个网络。

在我的上一本书《视觉之旅：化学世界的分子奥秘》里，有这么一张靛蓝染料的图片，它很自豪地宣称"不添加化学物质"。问题在于，靛蓝——这个产品的名字、这个产品存在的理由、你要买的东西，就是一种化学物质（$C_{16}H_{10}N_2O_2$）。我不想在这本书中重复自己的观点，但是找到更多的例子真不费什么劲儿。铬和钒是化学物质，二者都可以和铁形成合金，制造"铬钒不锈钢"。它们看起来真的一点儿都不像"铁"吗？

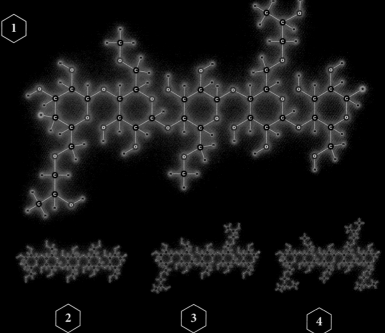

① ② ③ ④

有些人要么是真的，要么是主观认为，他们对谷蛋白过敏，但是他们仍然想吃面包。然而，没有其他已知的天然物质和谷蛋白有一样的效果，所以如果他们不想吃任何合成的化学物质，那很可惜，就没有面包可吃了。思想更开放的人会使用合成谷蛋白替代品，这些替代品是在植物纤维素的基础上改良而来的。它们加上了侧链基团，这样它们相互之间联结成的网状结构就如同谷蛋白所形成的网状结构。

分子上加上的侧链基团越多，它们之间发生交联的可能性越大，面包就越硬。侧链数目增加到中等程度是最好的，这时面包就会膨胀到刚刚好的体积。

有时候烹饪是为了把食物变硬，有时候是为了让它们变软。一个硬硬的、脆生生的胡萝卜在热量（加热）和水的共同作用下，可以软到用叉子切断。热量（加热）和水会把胡萝卜中的一些不可溶的物质（果胶）转变为可溶性物质，可溶性物质又随着沸水离开了胡萝卜。

在烹饪胡萝卜的过程中，水解作用使大分子分解成小分子，即大分子中的酯键（—O—）加上一个水分子分解成了两个羟基（—OH）。

这是我最喜欢的一种烹饪方式：用火焰喷枪加热。做法式布蕾（又称"法式奶油炖蛋"）的最后一步，就是用高温火焰把蛋奶糊表面的一层糖烤成焦糖。高温使糖熔化，把它烤到棕色，可以制造出焦糖的味道和香气。当然了，"烤"就是一个描述一系列化学反应的动词。高温使蔗糖（$C_{12}H_{22}O_{11}$）变成多种反应产物的混合物，包括聚合物链（多个糖分子组成的长链）和蔗糖分子分解后相互反应生成的全新分子。这些化学物质的混合物带来了焦糖风味。

在那个曾经很有趣的时代里，用真正的实验室装置来烹饪是一件很时髦的事。举个例子，旋转真空蒸发仪（参见第90页）的作用是从混合物中蒸发出挥发性溶剂——水和酒精是很有代表性的两种，蒸发时烧瓶在不停地旋转，而且被控制在一个很精确的温度上。旋转真空蒸发仪在实验室的化学合成中很常见，也很有用，但在食品化学的合成中没那么寻常。

在"厨房化学"方面有些很棒的书，到目前为止最棒的是下图展示的这套。到货的时候，它的外盒上贴着一个"两人抬起"的标签，因为它比法律允许单个仓库工人搬运的分量要重！

如果要把这部分内容讲解清楚，就必须用到大部头的书了，所以我们还是继续往下说，聊聊人们按配方混合化学物质的其他场合吧。

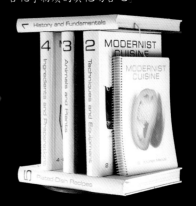

在实验室里

绝大多数的化学试剂（化学实验室里的瓶中物）一般是固态，它们基本上永远储存在室温环境下。用室温下的固体做实验不是比用沸腾的液体更说得通吗？

在人们的刻板印象中，化学反应发生在沸腾的烧瓶里。这引出了两个问题：为什么化学反应常常在液态情形下完成，而液体为什么往往是沸腾的呢？

固体的问题是它们无法充分地融为一体。当然了，这两种粉末（氧化铁和铝）看起来好像混合在一起了，但是即使在最简单的显微镜下，你也能发现这两种浅色和深色的小颗粒仍然是相互独立的。如果想让化学反应发生，就得让相互反应的两种物质在分子级别上挨在一起，一个分子紧挨另一个分子。而这两种颗粒无论用肉眼看起来多么细小，仍然包含着数以亿计的原子。如果颗粒表面上的那些原子相互之间的距离不够近，任何反应就都发生不了。

这是铝热剂粉末，你在本章中看到过它好几次。我说"固体不反应"，这不是自打嘴巴吗？不，因为只有铝热剂变为液态时，它才能开始发生反应。铝热剂很难点燃，如果你把点燃的火柴伸进铝热剂里，火柴直接就熄灭了。就算丙烷焊枪也无法点燃铝热剂。你得把它加热到相当多的颗粒熔化了，熔化的时间还得足够长，长到让铝热剂的不同成分之间能相互发生反应。直到反应开始之后，产生的热量才足以使更多的铝热剂颗粒熔化，反应继续进行。

所以，虽然一点儿都看不出来，可铝热反应其实是以液态的形式发生的。固态一点儿都不利于反应发生。那么气态呢？

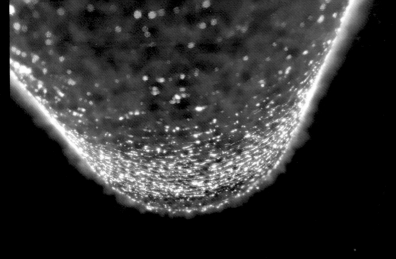

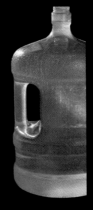

我放了一个容积为 19 升的水桶，以收集我家锅炉产生的新鲜的合成水。我真的很喜欢这个桶。我们会认为水是一种"元素"，是自然力量的一部分、一种生来如此的东西，而不是制造出来的东西。但是水并不是一种元素，它是一种化合物，一个由两种元素的三个原子所构成的分子。这些水，曾经不是水。就在这张照片拍摄的几周前，它还是从地底喷发的甲烷以及空气中的氧气。这桶水不是被送到我家的，而是在我家里制造出来的。尽管如此，它还是在各个方面都和其他来源的水一模一样。我喝了一点儿，尝起来挺不错。鉴于我不确定造出这桶水的甲烷的纯度如何，我就不再多喝一点儿了，但是稍加过滤，它就会彻头彻尾地和其他任何水一样了。

这是一个完全在气相中发生反应的例子。天然气（主要成分是甲烷，CH_4）与空气中的氧气（O_2）结合，生成二氧化碳（CO_2）和水（H_2O）。很多大楼的取暖系统就利用了这一点。现在是这样，等到天然气资源枯竭时，我们就应改用太阳能或者风能了。

在比较老、效率较低的锅炉里，水以水蒸气的形式离开。换句话说，水一直保持着气态，直到远离反应发生处。但是效率更高的锅炉可以从逸散的蒸汽中得到大量的热量，所以蒸汽会冷凝为液态水，液态水必须马上从锅炉里排走。

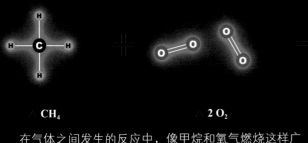 

△ CH_4 　　　　　△ $2 O_2$ 　　　　　△ CO_2 　　　　　△ $2 H_2O$

在气体之间发生的反应中，像甲烷和氧气燃烧这样广为应用的例子颇为罕见。不过，的确有其他的例子，但如果与液体中发生的那些重要反应的数量相比，气体中的反应就是极少数了。

这并不难解释，因为气体实在太难调教了！它们一直在想尽办法逃跑，所以它们必须被保存在压力容器中。气体一旦泄漏就会马上充满整个房间，可能会让屋子里的每一个人中毒。另外，相当多有趣的分子不会变成气体，因为它们会在低于沸点的温度下分解，变成更小的分子或单个原子。

想想这个例子：小饼干。你无法使饼干汽化，因为远不到它熔化的温度时，它们就会燃烧、分解，那还谈什么"蒸发"呢。如果想用饼干做化学实验，那么你就不能在固态情况下做，这时化学物质之间无法充分混合；你也不能在气态情况下做，因为不可能搞出气态的饼干。剩下的唯一方法就是让饼干变成液态的吧。

可是，你也不能把饼干给熔化了，就像你不能把它们汽化一样。这是个很普遍的问题。化学反应在液态情况下最容易发生，但是很多重要的化合物无法或者不方便熔化成液态。在这种不走运的情况下，应该怎么办呢？

我们往下要说到在实验室、工厂乃至生物体内化学反应得以进行的、到目前为止最常见的方式：在某种溶剂中溶解固体化学物质，溶剂可以是水、酒精、己烷，或者其他方便使用的、天然的化学溶剂。

对化学来说，溶液（液体溶剂中溶解了某种物质）简直太完美了。液体中的分子会持续地到处运动，产生新的组合。如果你在一种溶剂中溶解了两种不同的溶质，它们的分子会不断地相互碰撞，为化学反应的产生提供无数机会。

溶液，因为可以单独改变其中某类分子的浓度，常常比液态的纯化学物质更为有用。假设一种分子的浓度是另一种的两倍时，反应进行得最顺利，那么你就可以很轻易地按这个浓度来调配溶液。

为什么我们这么频繁地加热化学物质，好让它们发生反应（不仅仅是在实验室里，在厨房里也是）？这与反应发生的速度有关。这是一条经验法则：温度每提高10摄氏度，反应速度加快一倍。

想让两个分子相互反应，需要的是运气和能量，而两者都可通过加热提供。

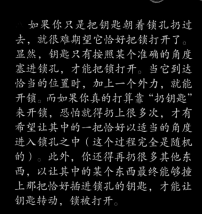

如果你只是把钥匙朝着锁孔扔过去，就很难期望它恰好把锁打开了。显然，钥匙只有按照某个准确的角度塞进锁孔，才能把锁打开。当它到达恰当的位置时，加上一个外力，就能开锁。而如果你真的打算靠"扔钥匙"来开锁，恐怕就得扔上很多次，才有希望让其中的一把恰好以适当的角度进入锁孔之中（这个过程完全是随机的）。此外，你还得再扔很多其他东西，以让其中的某个东西最终能够撞上那把恰好插进锁孔的钥匙，才能让钥匙转动，锁被打开。

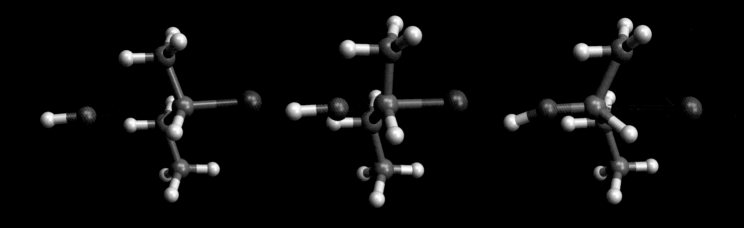

　　把钥匙扔进锁孔，让它把锁打开，其效率相当低，化学反应的本质就是这样……一切来自分子之间的随机碰撞，只是因为分子太多了，所以小概率的事情（碰撞成功）也有了可能。让两个分子相互反应，通常需要它们相互碰撞很多次，直到它们最后在刚好合适的方向上结合起来为止，而且要有足够大的力来打开已有的化学键，形成新的化学键。例如，在这个反应中，氢氧根离子就像钥匙，必须要把氧（红色的）这头插进较大的那个分子中，而且要正好在溴（深红色的）后面插进去。如果插入的角度、方向不对，或者插得不够快，氢氧根就会弹开。化学反应中什么都能发生，靠的全都是这样随机的、1秒之内就能发生万亿次的碰撞。

　　加热在两方面都有益于反应。还记得吗？在上一章中，热量被解释为物质中原子和分子的随机碰撞。一个东西越热，它里面的分子运动得就越快。更快的运动意味着更频繁的碰撞，这将会提高碰撞成功的效率。更快的运动也意味着每一次碰撞都有更大的力，这样就有了更多的能量来引发反应。

　　这两个因素带来的影响是，我们会经常尽可能地加热化学物质，因为谁想坐等化学反应缓慢地发生呢？在实验室里，这会浪费研究者的时间；在工厂中，这就是浪费钱财。当然，极限永远存在。当超过某个确定的温度时，分子就开始分解，或者溶剂会沸腾蒸发掉。

　　在很多情况下，实际的反应温度上限单纯就是由溶剂的沸点决定的。所以你看，这就是答案。化学实验室里满是正在沸腾的烧瓶，不是因为看起来很酷炫，而是因为这通常是一种现实的妥协。在这个温度下，反应发生得足够快，但并不需要使用昂贵的压力容器以阻止溶剂蒸发。在商业化的仪器中，反应大规模进行，效率的每一点提升都可以转化为利润，因而高温高压下的反应容器相当常见。在这种情况下，使用昂贵的压力容器是划算的，因为相同的反应会日复一日地进行。

这只小猫体内并没有充满沸腾的液体，但是有大量的反应在进行，其中很多反应的速度也很高。我希望这条蛇不会吃这只小猫，如果它吃了，消化过程同样会以相当高的速度进行，尽管实际上这条蛇是冷血动物，它体内的化学反应的温度比小猫生前的温度要低。

生命系统，包括植物、动物，还有生活在寒冷的北极海水中的奇异生物，是所谓"化学反应要想进行得快就得有高温"的活生生的反例。这怎么可能呢？

想象一下，如果锁上附着一个部件，它有个漏斗状的部分可以引导钥匙插入，另外还有个触发装置，当钥匙恰巧滑进锁里的时候，扳机就使得弹簧弹出，推动钥匙，那么，朝这个锁扔钥匙，能够开锁的概率就会比向什么都没有的锁扔钥匙高得多。成功开锁可能仍然要尝试很多次，但有了这个装置就可以少尝试很多次。（别盯着我的模型装置看。它只是个比喻，不是能工作的真家伙。）

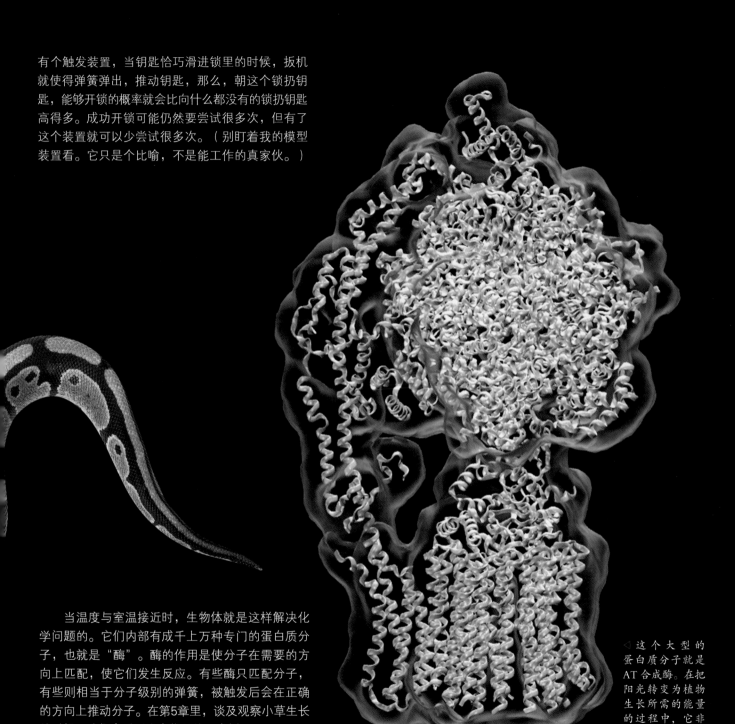

当温度与室温接近时，生物体就是这样解决化学问题的。它们内部有成千上万种专门的蛋白质分子，也就是"酶"。酶的作用是使分子在需要的方向上匹配，使它们发生反应。有些酶只匹配分子，有些则相当于分子级别的弹簧，被触发后会在正确的方向上推动分子。在第5章里，谈及观察小草生长的时候，我们会看到这个作用的一个例子。

◁ 这 个 大 型 的蛋白质分子就是AT合成酶。在把阳光转变为植物生长所需的能量的过程中，它非常重要（参见第48页）。

在工厂里

庞大的化学工厂看起来极其复杂，但如果你把各个部分摘出来单独分析，你往往就会发现，每一部分实际上都只是放大了你在实验室、厨房或者荒野小屋里能观察到的东西。

例如，任何时候只要你看到一根细长的柱子，有时候还可以看到从侧面的不同高度伸出一些小管子，那么你见到的基本上就是蒸馏塔（柱）了，无论它有多大或多小。

所有的蒸馏方法基本相同，液体混合物在烧瓶中加热至沸腾，蒸气从这个容器上升到蒸馏塔中，一部分冷凝后回流进烧瓶里，另一部分继续上升，直到进入冷凝管（管中通常有冷凝水循环）冷却成液体，然后从另一端出滴入接收瓶中。

为什么要这么复杂呢？为什么不直接把液体倒出来呢？因为在煮沸的过程中，只有部分物质会蒸发并经过蒸馏塔。蒸馏是一种基于物质蒸发的难易程度来分离物质的方法，通常那些沸点较低的物质会先分离出来。

冷凝管（常用水冷却）

（可选项）回流挡板促进冷凝和再蒸发，提高了沸点不同的物质的分离度（也称为"分馏"）

接收瓶

蒸馏塔

烧瓶

这台私酿酒蒸馏器大概有1米高，由纯铜制成。它在美国的某些州可能是非法的。（译者注：在美国部分地区，酿酒必须持有州政府签发的执照，否则是违法行为。）

如果想来点儿与啤酒和葡萄酒不同的饮料，你就需要提高酒精浓度来制造"蒸馏酒"。在酒精蒸馏器（蒸馏装置的简称）中，沸壶中的物质包含酒精、水、糖以及酿酒过程中残留的谷物和酵母菌。

酒精的沸点比水低，所以当你开始加热混合物时，首先蒸发的几乎全是酒精。这也使得你在接收容器中收集到的几乎是纯酒精。这些酒精都蒸发之后，沸壶里的温度就会升高，最终水会开始沸腾并蒸发。但在那之前你就可以停止收集酒精了，然后丢弃剩余的水和酵母。

这台大得多的商业化酒精蒸馏器和私酿酒蒸馏器的工作方式一模一样，主要部件也相同。

▷ 私酿酒蒸馏器

▷ 蒸馏塔 ── 冷凝管

沸壶

▷ 威士忌蒸馏器

冷凝管

蒸馏塔

壶

在酒精蒸馏工业中，铜制蒸馏器就有6米高（拍摄于都柏林的一家爱尔兰威士忌蒸馏厂）。它们比我们刚才看到的私酿酒蒸馏器要大得多，但基本部分（即沸壶、蒸馏塔、冷凝管）在功能上是相同的。

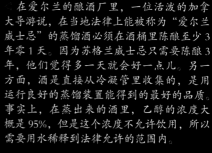

在爱尔兰的酿酒厂里，一位活泼的加拿大导游说，在当地法律上能被称为"爱尔兰威士忌"的蒸馏酒必须在酒桶里陈酿至少3年零1天。因为苏格兰威士忌只需要陈酿3年，他们觉得多一天就会好一点儿。另一方面，酒是直接从冷凝管里收集的，是用运行良好的蒸馏装置能得到的最好的品质。事实上，在蒸出来的酒里，乙醇的浓度大概是95%，但是这个浓度不允许饮用，所以需要用水稀释到法律允许的范围内。

大型商业酒精蒸馏器的生产速度非常快，在这个监控柜里，冷凝的酒精像小溪一样流出。这个监控柜可以让蒸馏专家实时看到产品。

实验室级别的蒸馏装置是最"可视化"的，因为它们由透明玻璃制成（无论蒸馏的是什么，玻璃几乎都不会污染其中的化学物质）。而且由于它们要求设计得很灵活，可以重新装配，所以各部分都是相互独立的，使用时通过接头来彼此连接。

蒸馏塔有许多讨喜的变种，其中最精致的是分馏柱（参见第21页）。如果你想分离多种挥发性物质，但是它们的沸点只相差几摄氏度，你就需要它了。通过精确控制沸腾的速度和蒸馏塔的温度，你可以使其中的一种溶质持续蒸发，蒸发出来的物质在经过蒸馏塔时冷凝回流，这样可以使几种沸点相近的组分分离，并且每次只从蒸馏塔上方蒸出其中的一种组分。

在法国南部，这种可爱的铜制蒸馏器被用来从粉碎过的薰衣草花中蒸馏出香精。化工装置的一个常见问题是，它通常是由金属而不是玻璃制成的，所以你看不见里面有什么。它总是被用来一遍又一遍地处理相同的化学物质（不像实验室设备），所以蒸馏器只对要处理的东西保持惰性就好了，不需要跟所有的东西都不发生反应。

因为要几乎一直与水和酒精接触，因此铜是商业蒸馏器的常见材质。尽管铜是一种相对昂贵的金属，但它很容易加工和焊接。因此，制造一个这样的铜蒸馏器的成本，可能比用不锈钢或铝制造要低。另外，我们真的会粉碎美丽的花朵，蒸馏出它们的精油并喷在厕所里。幸运的是，薰衣草香精也有合成的，所以最便宜的香精是不需残忍地对待漂亮的花朵的。

▷ 这个旋转真空蒸发仪看起来很像蒸馏装置，但它主要用来浓缩溶液（蒸发溶剂），而不是分离物质。换句话说，相对于蒸发走的东西，你更在乎瓶子里剩下的东西。

▷ 蒸馏釜
▷ 臂
▷ 冷凝管
▷ 接收装置

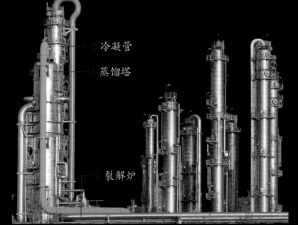

▷ 冷凝管
▷ 蒸馏塔
▷ 裂解炉

◁ 这些只是蒸馏塔，并没有什么特别的。它们有30米高，但这一事实并没有改变它们的工作原理。在底部，原油被加热到大部分可以被蒸发带走的程度，蒸气在塔内上升并逐渐冷却。各种馏分冷凝的顺序都是按照它们的沸点排列的。

在塔底附近，第一种凝结的蒸气是重油。接下来是较轻的油，然后是煤油以及存在于汽油中的化合物，最后是"石脑油"，即冷凝出来的最轻的部分。在每个不同的平面上，产品都被收集起来，等待进一步加工。最上方不冷凝的部分主要是天然气（甲烷和乙烷）。这些气体在顶部被抽离、提纯，然后可以用来发电以及加工成各种有用的化工产品，或者收集后出售给有取暖需求的家庭。

▷ 这个微缩版的香精蒸馏器还不到 30 厘米高。

▷ 蒸馏塔

▷ 冷凝器

▷ 反应釜

▷ 接收器

铁在世界上很常见，你几乎可以在任何地方看到它。但它总是以氧化铁的形态存在，如像红色铁锈一样的赤铁矿（Fe_2O_3）和黑色的磁铁矿（Fe_3O_4）。任何暴露在空气中的金属铁（铁单质）很快就会被锈蚀成氧化铁。

为了得到有用的铁，你需要把氧化铁冶炼成金属铁。我们已经介绍过如何使用铝热反应做到这一点。如果你急需几千克白热的液态铁，这种方法就不错，但这并不是精炼铁矿石的好方法。为什么？因为铝热反应需要金属铝，而铝在自然界中也只能以氧化物（Al_2O_3）的形式存在。把氧化铝冶炼成铝，比把氧化铁冶炼成铁更困难，而且成本更高，因而在工业中，用铝热反应制铁毫无意义。

幸运的是，在碳中加热氧化铁，可以很方便地提炼出金属铁。原理很简单，但实践起来不容易！石器时代和青铜时代在铁器时代之前的原因就是冶铁很难，主要问题是冶铁需要的温度很高，你必须建造一个熔炉，冶铁时火焰的温度要比很多其他火焰都高得多，并且在冶铁过程中要将高温火焰维持数小时。

铁矿石有多么常见？你甚至在海滩上都躲不开它们！在写这一章的时候，为了避开冬天的严寒，我不得不待在巴拿马的一个海滩度假村里。在那里，我到处都能找到甚至在脚趾间也能找到的东西是什么呢？黑色的磁铁矿砂！我买了一个开瓶器纪念品，用它背面的磁铁就收集到了一包磁铁矿砂。顾名思义，磁铁矿是有磁性的，如果你在沙滩上移动一块磁铁，黑色的磁铁矿砂就会跳出来粘在磁铁上，这样你就可以收集它们了。

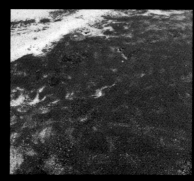

△ 西班牙普拉亚布兰卡（Playa Blanca）沙滩上的黑色磁铁矿砂。Playa Blanca 的意思是"白色沙滩"。

△ 我在普拉亚布兰卡海滩上。沿着海岸有一排巨大的、有磁性的黑色岩石。这些岩石被风和海浪侵蚀，产生了海滩上的黑矿砂。（至少我认为是这样的。事先声明，我不是地质学家，在这个问题上我可能是完全错误的。）但海滩很漂亮，这些砂子绝对是磁铁矿。

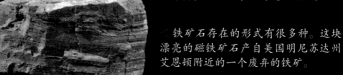

◁ 铁矿石存在的形式有很多种。这块漂亮的磁铁矿石产自美国明尼苏达州艾恩顿附近的一个废弃的铁矿。

最初的那些从矿石中冶铁的尝试都没能成功地炼出液态铁。替代的方法是，在黏土炉中，把铁矿石和炭或木头（会燃烧并提供碳）逐层相间放置，然后用火加热。可以连续数小时用风箱吹入空气，然后得到一种半熔融状态的铁坯。这种半熔融的铁坯经过反复锤打、折叠、加热，最终成为一小块珍贵的、可用的铁。

日本的熔炉看起来不同，但原理是一样的。日本冶铁最著名的用途是制作武士刀。出乎意料的是，用这种冶铁方法得到的分层的、成分不均一的铁，实际上反而能造出质量优异的武士刀。

现代高炉的基本设计与古老的熔炉类似，高炉中也有一堆铁矿石与焦炭（用煤制得的碳燃料）交替叠放。但是，现代高炉不用手动式风箱，而是用预热的高压空气把火加热到可以使铁完全变成液态的温度。新矿石和焦炭从顶部装入，巨大的高炉持续运转，液态铁不断从底部流出。

当这个工业巨兽冷却之后，重新再启动是非常耗时的，成本也很高。因此，当一个钢厂关闭的时候，即将熄灭的熔炉中散发出的最后一丝热量，对于那些曾照管它的人来说就是一个巨大的悲哀之源。那些运行它的人比谁都清楚，当它开始冷却的时候，就意味一种终结。

钢中碳的比例很高的时候，它的质地很硬，能制得锋利的刀刃，但是很脆。碳含量较低时，它的强度和抗冲击能力都很好，但质地较软。将含碳量不同的钢以薄层折叠起来，就能得到一把既结实又锋利的剑。起初，古代武士刀也是碰巧制成的。今日，人们有意识地制造出一些具有相同特征的钢，但由于我们现在已经详细了解了如何控制钢的性能，我们的产品质量要比日本武士以及其他古代铁匠所制造的任何东西都好得多。

现代的大马士革钢中也有高碳钢和低碳钢交叠的层次，折叠以传统方法完成，与日本制刀的技法类似。通过酸蚀可以得到花纹，制作出特别漂亮的刀具。这种钢虽然古老，不过它的性能比不上现代的工具钢和碳化钨钻头，后两者能轻易地切开大马士革钢。

铁完全熔化成液态之后，其中的杂质能更彻底地被分离出去。它们要么聚集、要么沉降，然后就可以被除掉。氧气可以将铁中多余的碳燃烧掉。许多合金成分（包括钒、钼等）都可以溶解到铁水里。这种化学加工方法使我们能够制造出各种不同种类的铁基合金，包括硬度超高的工具钢、永不生锈的不锈钢、可以弯曲无数次而形状不变的弹簧钢，等等。

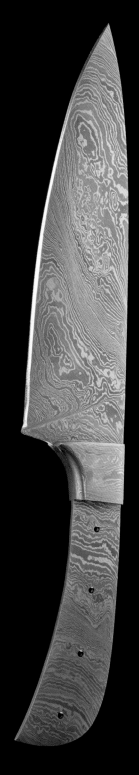

铁的冶炼在很久以前就已经出现了，铁器时代（大约3 000年前）即以它为名。冶铁可以被当作一个纯粹的化学过程，即氧化铁和碳的反应。铝的冶炼出现在更为近代的时期，金属铝在1825年才第一次被制造出来，实际的商业熔炼在19世纪80年代才开始。铝的制造得益于电气设备的发明，因为从工业规模的矿石中提取铝的唯一方法就是利用大电流。

每一座典型的铝冶炼厂里都有成百上千个电解槽，每个电解槽每天大概能生产1吨铝。1吨铝包含20 000 000 000 000 000 000 000 000 000个铝原子，每个铝原子被还原时都需要3个电子（如下图所示，要将带3个正电荷的铝离子还原为不带电荷的铝原子，需要3个带负电荷的电子）。需要多大的电流才能有足够多的电子生产出如此多的金属铝？算一下，大概是100 000安培(考虑到制铝的低效率，实际上铝精炼电解槽的电流会是这个数值的两倍或更大)。

我们已经在本章前面看过这些铝精炼电解槽的缩小版桌面演示：在猴子摆件上镀上一层装饰性的铬（见第78页）。右图中的这些电解槽不是在镀铬，而是以熔融的铝矿石为铝的来源来镀铝。电解槽持续工作，不是为了镀出一个闪亮的金属表面，而是镀上一层又一层的铝，直到最后生产出成吨的金属铝来。

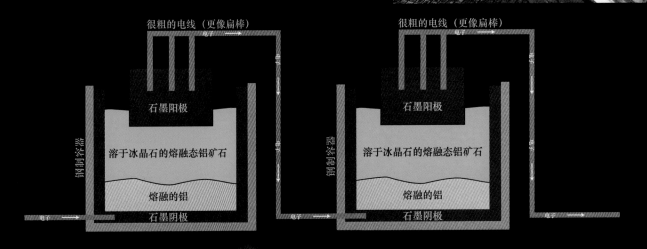

很粗的电线（更像扁棒）

石墨阳极

钢制容器

溶于冰晶石的熔融态铝矿石

熔融的铝

石墨阴极

很粗的电线（更像扁棒）

石墨阳极

钢制容器

溶于冰晶石的熔融态铝矿石

熔融的铝

石墨阴极

△ 电线

△ 10 万安培的电流有多大？在电压与精制铝时所需电压差不多的情况下，2 安培电流就够给你的手机充电。所以，假设在一个有 5 万个座位的场地中，每个观众都正在用手机给明星拍摄视频，那么一个 10 万安培的电解槽的电流就足以给这么多手机都充上电了。

冰岛的地热发电站。

◁ 在出产铁矿石的矿区附近设置冶铁工厂，这种做法很常见。很合理吧？如果你能在矿区附近处理矿石，那么只往外运送高附加值的铁块就好了，为什么要把矿石运输到很远的地方呢？生产铝需要的电力太多了，所以这件事被颠倒了过来。铝冶炼厂通常位于廉价电力的来源附近，比如加拿大的水力发电厂、冰岛的地热发电站或其他国家的核电站。铝矿石被运送到有电力供应的地方而不是反方向运输。

在街头巷尾

道路照明弹常用来警示过往车辆——此处有紧急情况，比如坏在路边的汽车或倒下的树。照明弹是一种用硬纸板制成的细圆筒，里面装着硝酸锶、硝酸钾、锯末、木炭和硫黄的混合物，但有时候也会省掉硫黄。硝酸锶和硝酸钾都是氧化剂，它们可以为木屑、木炭和硫黄的燃烧供氧。有些照明弹甚至可以在水下燃烧，因为它们燃烧时不需要空气中的氧气。

车辆坏在路上时，照明弹很有用。而如果铁轨坏了，就需要另外一种不同的燃烧组合了。

用硫黄把铁路的钢轨焊接在一起很难。事实上，"焊接"这个词并不能准确地描述实际情况。为了经得起火车车轮的连续冲击，钢轨两端都必须同时完全熔化成液体，这样它们才会融合成一根连续的轨道。火车铁轨很厚，如果你只尝试加热一端，热量很快就会被轨道的其他部分带走。用普通的焊枪或弧焊焊枪是搞不定这种接头的，这些工具远远不够强大。

我们需要做的是，用液态铁填满钢轨之间大概一指宽的缝隙。铁水必须足够热，在冷却之前能把挨着的两根钢轨熔化一点儿。（通常填充缝隙之前钢轨会被预热，以确保不会出现不熔化的地方。）

从头开始铺设一段新铁轨时，你可以用一列火车车厢那么大的设备来加热和连接钢轨。但是，在修理野外的轨道时，你需要的装置既要非常便携，又可以产生大量的热量，同时还需要大约4.5千克的液态铁。你找不到比铝热剂更合适的东西了。

照明弹中的混合物与火药（由硝酸钾、木炭和硫黄组成）很像，但它燃烧的速度要慢得多，因为原料不像火药那样充分混合，而且作为氧化剂，硝酸锶的氧化性也没有硝酸钾那样强。（见第193页中的火药反应，和你在这里看到的反应基本上是一样的，只是用锶代替了钾。）之所以选用硝酸锶，不仅因为它是氧化剂，还因为它里面的锶原子能使火焰带上浓艳的红色。（在第4章中，我们将了解到不同的原子如何产生不同颜色的光。）

在本章前面的部分，我们在一个相当高端的课堂演示里看过了铝热剂。氧化铁（粉末状铁锈）和粉末状金属铝相互作用，产生了非常炙热的液态铁。这是一个很酷的课堂演示，但想想看：从一个容易移动的反应装置中流出铁水，真的很有用！

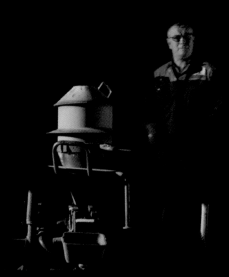

点燃铝热剂异常困难。有许多方法都可以使用，但最简单的方法是用普通的烟花棒（里面有金属丝和银色涂层的那种）。它们燃烧起来时温度非常高，保准能点燃任何一种铝热剂。（专业的烟花棒会使用定制的点燃器，但它和闹着玩用的那种几乎没有什么区别。）

铝热剂被点燃后会嘶嘶作响30秒，然后才有进一步的变化。在这段时间里，反应从上往下进行，混凝土罐里正在形成一个内有铁水的"小水洼"（正如我们在第71页的剖面图中看到的）。罐底有个洞，里面塞着一个尺寸刚刚好的铝塞。等反应进行到恰当的时机，铁完完全全地熔化并形成了一罐铁水的时候，铝塞就会熔化，让铁水流出。

铁比铝热反应中的任何其他物质（如氧化铁、铝、氧化铝）都要重得多（密度大）。所以，当铝塞熔化的时候，首先流出来的是相当干净的铁水。它直接流入了钢轨接缝上的黏土模具里。

一旦模具内充满铁水了，多余的部分就会溢出到每一边的铁栅格中。溢出物中的一部分是多余的铁，但很多是其他反应产物，如氧化铝（熔化为白热的液体时，看起来跟铁水很像）。冷却固化之后，氧化铝成了刚玉，它也是一种制作砂纸的原料（因为形成了非常坚硬、锋利的晶体）。所以，你知道，铝热反应不仅产生了液态铁，还产生了液态砂纸。

铁水冷却后，两段钢轨就合成了一段。剩下要做的事就是把连接处的顶端和两侧打磨光滑。如果你坐过速度为每小时几百千米的高速列车却感觉不到颠簸，那正是因为车轮下铁轨的众多连接处完美接合在了一起。

连接处的横截面显示，原先的两段钢轨已经合并成了一段。

当你不想再要某些东西的时候，会用到烈性炸药。所有的东西（如桥梁、敌军的坦克、道路上的巨石乃至于整栋建筑）不想要了的时候，都可以花点儿钱买些烈性炸药，来"好好打理一下"。

不过，下面这个并不是使用烈性炸药的例子（我们在第6章中才会讲到）。相反，这个混凝土块被非爆炸性膨胀炸药粉末慢慢地炸开，花了几小时时间。这种粉末大多是由氧化钙和氢氧化钙简单组成的。当粉末被注入钻孔之后，缓慢的变化会引起粉末膨胀。膨胀的粉末在无处可逃的情况下，就会给混凝土施加越来越大的压力，直到混凝土完全碎裂。对那些想销毁什么东西却没有必需的执照、无法使用烈性炸药的人来说，这是一个伟大的想法。

如果水渗入道路或其他混凝土结构的裂缝后冻结，就会发生类似的事情。因为水在结冰时会膨胀（这是一个非常不寻常的特性，第203页会介绍更多细节），冰会对混凝土施加巨大的压力，导致价值数百万美元的道路工程遭到破坏。这只是冰众多惹人讨厌的方面中的一种。

幸好，我们可以用盐来处理冰！

把盐撒在冰上时，它会降低冰的熔点，让冰重新融化成水(只要新的熔点低于现在这个滑稽的、任何人都不该忍受的温度)。你可以使用普通的食盐，也就是氯化钠，使冰点下降到零下7摄氏度。但其他盐可以达到更低的温度，其中的冠军是氯化钙，它能把冰点降低到零下30摄氏度。

▷ 我们中的一些人"有幸"生活在路面常常结冰的地方，他们很熟悉这种变化。可是，这是一种化学反应吗？

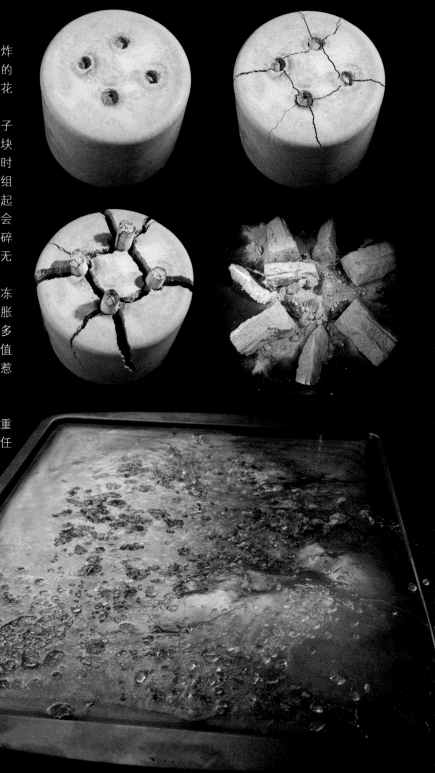

◁ 盐粒是由带电离子构成的晶体。食盐中含有 Na^+（带一个正电荷的钠原子，它失去了一个带负电的电子）和 Cl^-（带一个负电荷的氯原子，它得到了一个多余的电子）。

盐粒溶解在水中时，它的离子相互分开且被水分子包围，固态晶体分解成单个原子，然后消失在水中。

盐水的熔点比纯水低，因为溶解的离子会干扰结冰的过程。随着液态水变得越来越冷，水分子开始排列整齐，形成网状结构，最终相互连接的水分子充满了整个三维网格。这就是冰晶。

▷ 溶解

▽ 水里有盐的时候，离子会阻碍水分子加入正在凝固的冰中，因而改变了平衡，使剩下的水的温度变得更低。

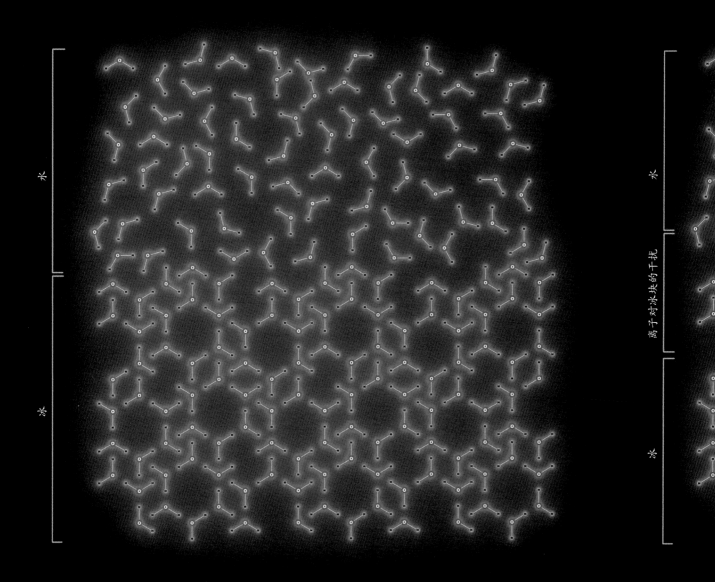

水

冰

离子对冰块的干扰

水

冰

⛰ 纯水

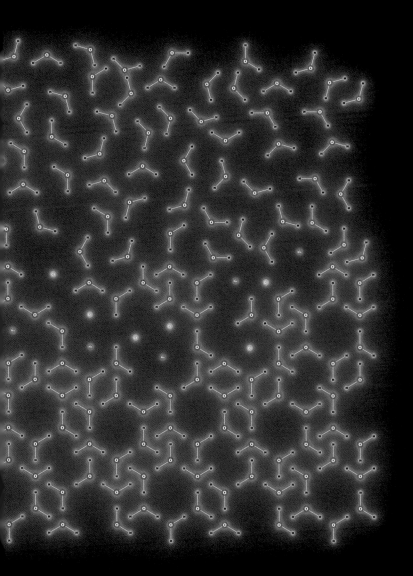

▲ 盐水

溶解是一种反应吗

在本书中，我已经强调过好几次，你身边发生的一切几乎都是化学反应。但是这句话能外推多远呢？一种物质溶解于水，是不是一种化学反应呢？

教科书经常对化学变化(反应)和物理变化(不是反应)的区别进行讨论。典型的非反应例子包括熔化、沸腾和溶解等。但是，在通常情况下，如果你详细探讨一个词语的定义，就会被那些游走于定义边缘的例子绕进坑里去。

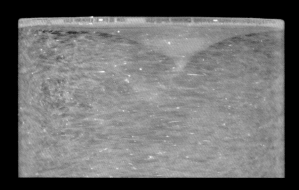

一个变化不可能既是化学变化又是物理变化。如果盐沉淀是一种化学反应，则相反的过程——盐溶解肯定也是一种化学反应，因为它符合反应的标准定义——离子之间的化学键断裂。而化学反应的内在本质就是化学键的形成或断裂。

有些文章把盐溶解当作一种化学变化，因为比起物理变化，它更像化学反应。即使这样，它们却把糖的溶解归为物理变化。

冰糖是纯糖。它几乎是百分之百的纯糖，只是里面加了一点点提升颜色的色素。我怎么知道它的纯度那么高？因为只有纯净的物质才能长出这么大的晶体，而杂质会破坏晶体的结构。

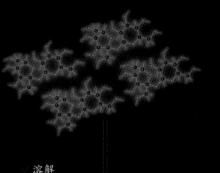

没有染色的冰糖看起来特别像水晶。

然而，一定有一些原因使得你可以在水中溶解大量的糖，以致水变成了浓糖浆。如果没有新的化学键形成，水又是怎么让这么完美的冰糖晶体消失的呢？实际上，的确形成了新的化学键。

不同于食盐溶解的例子，糖分子溶解在水中的时候并没有分解。很多书上说，糖分子在溶解前后是一模一样的，溶解只是一种物理变化，不是化学反应。

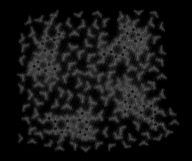

溶解

-OH 基团和水之间存在着一种特殊的关系。-OH 中的氧原子和邻近水分子中的氧原子能够部分地分享它们之间的同一个氢原子，形成了所谓的氢键，氢键中的氢原子同时被两个氧原子所吸引。

糖分子中含有大量的 -OH 侧链，这个由一个氧原子和一个氢原子形成的基团叫作羟基，整个羟基通过碳－氧键连在碳原子上。这些基团被称为醇羟基，因为它们起初被发现普遍存在于谷物酒精（乙醇）、木醇（甲醇）、火酒（异丙醇）以及其他类似的化合物中。乙醇分子中有一个 -OH，而糖分子中的 -OH 不少于 8 个！这是不是意味着你喝糖水时喝醉的程度相当于喝酒精时的 8 倍？不，那不化学。另一种常见的多元醇是甘油，它也不会让你喝醉。

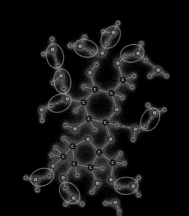

氢键并不强，但是水中存在着大量氢键。这是因为就像水分子能和其他分子形成氢键一样，水分子之间也会形成氢键。氢键的存在就是糖这么容易溶于水的奥秘。

换句话说，使糖溶解的正是化学键的形成，特别是氢键的形成。这意味着糖的溶解在很大程度上是一种化学反应。这与任何一本给你讲"糖的溶解"的教科书中所说的相反。但是，顺便说一下，如果他们在考试中给你出这道题，你还是说"这不是化学反应"吧。任何一个出这道题的人想得到的答案都是这个。

关于糖溶解于水究竟是不是一种化学反应，很重要吗？不，这只是文字上的讨论，既不十分重要也不有趣。有趣的现实是，有一些精细的事会挑战严格的定义，即使是像糖溶解这么简单的现象。

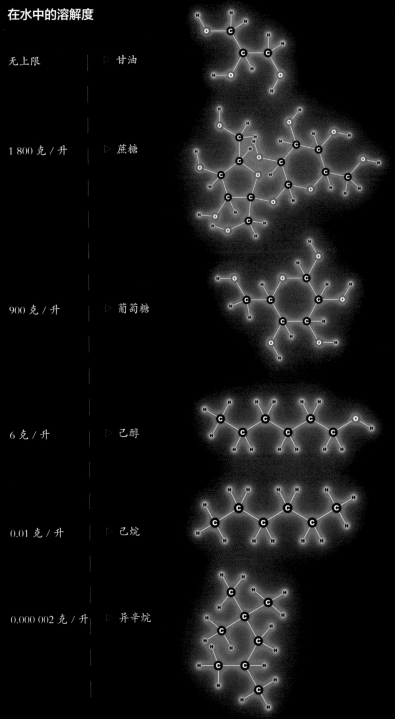

在水中的溶解度

无上限	▷ 甘油
1 800 克 / 升	▷ 蔗糖
900 克 / 升	▷ 葡萄糖
6 克 / 升	▷ 己醇
0.01 克 / 升	▷ 己烷
0.000 002 克 / 升	▷ 异辛烷

▷ 了解一点儿化学能够帮你预测一些不熟悉的分子的性质，至少能猜得接近答案，醇类就是个很好的例子。如果你看到了一个带一个或多个 –OH 的分子，你就能推测，相对于一个结构相似但是不含 –OH 的分子，它在水中的溶解度更高。

在你的身体里

你是由化学反应构成的。从消化到死亡，都是化学反应。但这真的是一种有用的思考方式吗？我也可以说你是由元素构成的，或者你是由质子、中子和电子组成的，或者你是由夸克和胶子组成的，或者你是由其他任何可以组成前者的东西构成的。所有这些都是真的。所以，要了解生活，我们是应该学习物理、化学、生物化学、医学还是别的什么？

归根结底，哪种语言最能帮你理解你感兴趣的特定现象呢？如果你想弄清楚为什么某项运动很受欢迎，那么谈论使运动员的肌肉动起来的化学反应可能没什么用。你会想用心理学、社会学或政治学的语言来理解这项运动是如何流行起来的，以及它的管理者如何利用媒体来哄骗人们，让他们以为自己关心某个队伍并出钱支持他们。

任何领域的研究在各自的层级上都有用，而且一个领域是建立在另一个领域的基础之上的。

要理解人们在大群体中的行为（通常很糟糕），政治学和社会学很有用。而要做到这一点，你先要了解个人的行为，这是心理学的领域。

对于理解一两个人的想法，心理学很有用。人的想法受制于大脑思考的机制，但这只是机制中的一部分。所以，为了理解人们的想法，你就会想了解点儿医学知识。

医学研究人的身体作为一个系统是怎样运作的，各部分是怎样相互影响的。要知道这些，你就需要先知道这些部分是如何工作的，而生物化学能解答这个问题。

生物化学是生命系统内进行的化学反应，通常涉及蛋白质、DNA和其他非常大的分子。要理解这些非常复杂的反应，你就需要了解反应是怎么发生的。

化学研究的是原子和分子如何在原子层面相互作用。一个个化学键生成或断裂，一个原子碰撞另一个原子，等等。要研究这些，你首先要了解原子和亚原子粒子，这就是物理学。

物理学是研究基本作用力的学科。它曾经研究行星和重力这样的大事(现在仍然如此)，但现在它研

这支蜡烛和这块可爱的苹果派都是用同一种牛油做的。蜡烛是用纯牛油做的，而苹果派中含有一些其他成分。当蜡烛燃烧时，牛油与空气中的氧气发生反应，产生二氧化碳和水，这是它们重要的反应产物。这种反应也会释放能量，你就看到了光，感受到了来自蜡烛的热量。

究的大部分对象都位于比原子小得多的尺度上。这就是量子力学的世界。

量子力学是一套用数学公式表达的理论，它描述了世界上所有已知的现象，精度非常高，但只是在这种现象非常微小，或者小心地将量子级别的现象放大到宏观世界的时候。从根本上说，量子力学完全是数学的。

这条线的末端是数学，这个领域超越了所有个人、具体的问题，只在普遍和绝对真理中发声。因此，数学是有关一切事物的。这是所有问题的根本答案，但又几乎不是一切问题的实际答案。

这些领域都建立在前者之上，每个层级都加入了新想法。我觉得特别有趣的是，有时候你可以用一根针穿过这堆东西，把一个很高层级的现象与一个低得多的层级上发生的某些事联系起来。

来看看我们是怎样和戴呼吸面具的舞者一起完成本章内容的。

吃苹果派时发生的反应复杂得多，但最终结果是一样的。苹果派从嘴进入胃中，二氧化碳和水从肺和其他地方排出。在化学语言中，反应的途径是不同的，但反应物（吃下去的）和产物（排出来的）是相同的。

这是化学中的普遍规律：不管反应的途径如何，如果反应的反应物和生成物是相同的，那么反应的总能量也必然是相同的。所以，我们彻底消化和代谢100克牛油所获得的能量，和点燃蜡烛中100克牛油所释放的能量相同。

蜡烛发光，靠的是反应中释放出的能量。人吃苹果派也是一样的，只不过人体"发光"的温度更低。人发射的不是可见光，而是肉眼看不到的红外线（IR）。红外摄像机可以让我们看到这种和温度相关的光。剧烈运动时，舞者的身体发出更亮的光，靠的是食物在身体内部燃烧（代谢）而产生热量，从而提高了温度。

苹果派不仅由脂肪构成，里面还有糖和其他碳水化合物。我们能分辨出这个舞者获得的能量是来自脂肪还是糖吗？

| 脂肪 | 糖 | 淀粉 | 蛋白质 |

我们的身体既可以依靠碳水化合物（如糖、淀粉等）来运转，也可以依靠脂肪和蛋白质（这些东西都很好吃，但不是糖）。这些燃料都在血流中循环，身体在任何时候都可以选择其中的一种来"燃烧"。

不管身体"烧"的是哪种"燃料"，这个过程都很复杂。要把食物转化成肌肉运动，需要数百种不同的化学反应，而反应是否相同则与"燃料"的来源有关。我们怎样才能弄清身体是在代谢脂肪还是在代谢碳水化合物呢？这是不是需要利用生物学和生物化学知识进行详细研究？

不，实际上在这种情况下，我们可以绕过很多复杂的、混乱的生物学内容，直接接触最基本的化学规则：配平简单的化学反应。

如果你让糖（在这个示例里用的是细糖粉）与空气中的氧气发生反应，就会发生这种情况：大量的能量被释放出来，形成了一个可爱的火球。该反应的产物与任何有机物燃烧时生成的产物相同：二氧化碳（CO_2）和水（H_2O）。因为原子不可能在化学反应中被创造或毁灭，所以，当一个化学反应方程式"平衡"的时候，等号一侧的每一种原子的数目都必定与另一侧的同种原子的数目相同。

我画的这个反应式没有取每种原子的最少个数，重要的是碳、氢和氧原子之间的比例。

这个配平的反应式表示的是，每生成一个CO_2分子，就需要一个氧气分子。记住这个比例——1 : 1。它很重要！

如果你数数下一页的脂肪分子中每种原子的数量，你就会发现，大约每一个碳原子对应两个氢原子，其他种类的原子所占的比例微不足道。在本页的糖分子里，你会发现相同比例的氢原子，以及约等于碳原子数的氧原子。

做一个粗略的近似，我们可以说，脂肪/油脂分子的化学通式是CH_2，而糖/碳水化合物分子的化学通式是CH_2O。实际上，分子要大得多，原子也多得多，但在这种简化形式中，每种原子的比例与实际情况差不多，现在这点最重要。

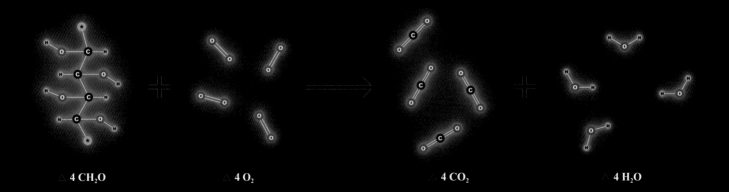

△ 4 CH_2O △ 4 O_2 △ 4 CO_2 △ 4 H_2O

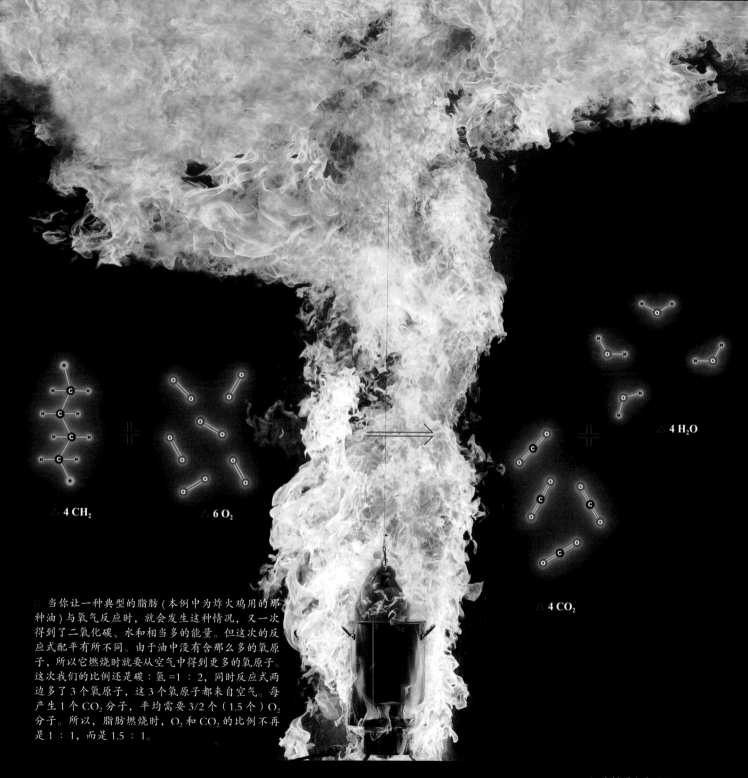

△ **4 CH₂**

△ **6 O₂**

△ **4 CO₂**

△ **4 H₂O**

▷ 当你让一种典型的脂肪（本例中为炸火鸡用的那种油）与氧气反应时，就会发生这种情况，又一次得到了二氧化碳、水和相当多的能量。但这次的反应式配平有所不同。由于油中没有含那么多的氧原子，所以它燃烧时就要从空气中得到更多的氧原子。这次我们的比例还是碳：氢 =1∶2，同时反应式两边多了3个氧原子，这3个氧原子都来自空气。每产生1个 CO₂ 分子，平均需要3/2个（1.5个）O₂ 分子。所以，脂肪燃烧时，O₂ 和 CO₂ 的比例不再是1∶1，而是 1.5∶1。

氧气和二氧化碳都从舞者的肺部进出，我们可以通过连着背包的气体分析面具来测量她吸进多少氧气和呼出多少二氧化碳。通过观察她所消耗的氧气和呼出的二氧化碳的比例，我们应该能够分辨出她的身体正在靠哪种食物运作。中间的各种反应途径有多么复杂都无所谓，反正气体不会说谎。

从数据中，你能清楚地看到结果。在运动前，舞者处于静息状态，O_2与CO_2的比例接近1.5：1。她代谢的大部分是脂肪。

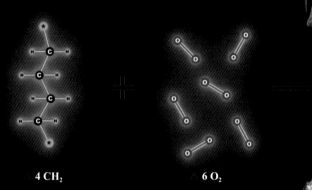

4 CH₂　　　　**6 O₂**　　　　　　　　　　**4 CO₂**　　　　　**4 H₂O**

经过一段时间的剧烈运动后，O_2与CO_2的比例接近1：1。她现在消耗的主要是糖。为什么身体会转而消耗糖呢？

O_2与CO_2的比例反映出了消耗糖的一个优点：你不再需要从空气中获取那么多氧气。在剧烈运动中，氧气的供应会成为限制因素，所以使用那种需要较少氧气的能量来源比较好。（当然还有很多其他因素，新陈代谢是很复杂的！）

我们可以确认的一件简单的事情是，身体已经转向消耗含有更多内在氧的能源。对于试图理解为什么身体在做一件事，这是一个不错的开始。我觉得这个实验方法很巧妙，凭借几个配平的化学反应式和一个愿意戴呼吸面具的舞者，用这么一种直接而简单的方式就能测定了。

4 CH₂O　　　　**4 O₂**　　　　　　　　**4 CO₂**　　　　　**4 H₂O**

你可能会注意到这件事看起来违背直觉：在休息的时候，真的比运动时消耗的脂肪更多吗？这是否意味着静坐是比锻炼更好的减肥方法呢？

这种看待事物的方式过于简单，不能由它外推到复杂的生物化学，下面就是一个例子：

从技术上来说，运动时身体更倾向于代谢碳水化合物（糖）而非脂肪。但是，如果你不锻炼呢？这些碳水化合物仍然存在于你的血液中，如果你不用光它们，你的身体就会忙着把它们转化成脂肪。

在减肥或增肥中，重要的不是身体使用的能量来自什么，而是（也仅仅是）你从食物中摄入了多少能量，而你又消耗了多少能量。如果通过运动消耗的能量比摄入的多，你就能减肥；如果摄入的能量比消耗的多，你就会增肥，周而复始。在这个方程中没有其他变量。运动增加了能量消耗，所以，除非你吃了等量或者更多的食物，否则你的体重就会减轻。

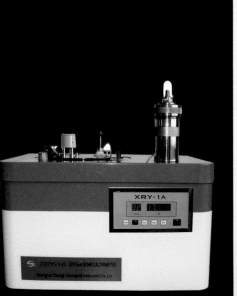

Nutrition Facts
Serving Size 2 Cakes (77g)
Servings Per Container 5

Amount Per Serving

Calories 260   Calories from Fat 80

	% Daily Value*
Total Fat 8g	**12%**
Saturated Fat 3.5g	**18%**
Trans Fat 0g	
Cholesterol 35mg	**12%**
Sodium 350mg	**15%**
Total Carbohydrate 43g	**14%**
Dietary Fiber 0g	**0%**
Sugars 29g	
Protein 2g	

Vitamin A 0%	•	Vitamin C 0%	
Calcium 2%	•	Iron 4%	

*Percent Daily Values are based on a 2,000 calorie diet. Your daily values may be higher or lower depending on your calorie needs:

		Calories:	2,000	2,500
Total Fat	Less than		65g	80g
Sat Fat	Less than		20g	25g
Cholesterol	Less than		300mg	300mg
Sodium	Less than		2,400mg	2,400mg
Total Carbohydrate			300g	375g
Dietary Fiber			25g	30g

可能你已经看过很多食品上的营养标签了。它们告诉你食物中含有多少能量，也就是你可以吃多少而不增加体重。你有没有想过，这些数字是如何得出的？最初是通过氧弹量热器测定的。"弹"的意思是，这个装置有一个结实的金属容器，食物可以放在里面，然后在氧气中燃烧。"量热器"的意思是，仪器可以测得反应释放的能量。如今，大多数配料的热量都是已知的，所以制造商不用重新去测量食物的热量，只需要把这些数字加起来就行了。

正如我们早前说过的，从理论上讲，反应释放的总能量与路径无关，所以以量热计测得的能量应该等于你吃下相同食物时摄取的能量。当然，在实践中，事情并非如此简单。例如，如果食物中含有大量无法消化的植物纤维，量热计就能测出它们燃烧时释放的热量，但是它们并没有产生营养学上的能量，因为我们无法消化它们。换句话说，作为替代，你可以烧草料得到热量，但是除非你是头牛，否则你不可能吃下草料并从中获取营养价值。营养标签上已纠正了这一点。

当然，你可以把一个人放进氧弹量热器（也可以叫作直接式人体量热器，这样就不容易吓到被放到里面的那个人了）来更加精确地评估食物中所含的能量。这里并不是要把这个人烧掉，而是测量他在整整一天的时间里所释放出来的总热量。这种事确实做过，但出于显而易见的原因，并不是经常这么做。虽然被测量的人被放出来时还是好好的，但我猜他在这个过程中会觉得非常无聊。要建造一个足够大的能容纳一个成年人的隔热舱，同时能够精确地测量他们所释放出的总热量，并且还不会让他们窒息，这当然是一个技术上的挑战（而且成本很高）。不过，我们还有另一种方式，它几乎同样准确，这就是更常见的间接式人体量热器。

这种量热器并不需要隔热，它仅仅需要测量在这个空间里流入和流出的成分，以确定人体所吸收和产生的氧气和二氧化碳的量，就像刚才舞者所戴着的呼吸面具一样。另外，还得加上从测试者留在房间里的所有大小便中测出的数值。有了这些数据，我们就可以精确地测出这个人吃掉的食物中到底有多少参与了其身体里的新陈代谢。

这种类型的房间通常用于研究人体的新陈代谢。当然，这些研究在美国通常都是在大学中在校生身上开展的，因为只有他们才会为区区20美元来做此事。

这就是本章之中我们研究的范围，从研究化学反应的学生开始，到研究正在进行的化学反应的学生结束。

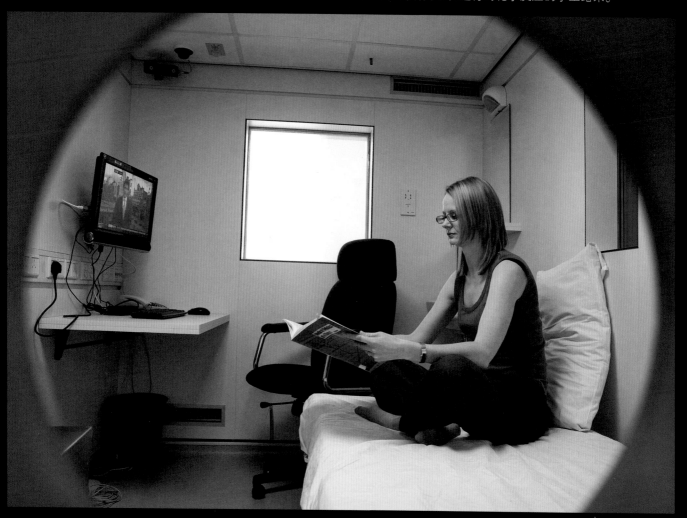

4

光和色的起源

光到处可见。但是，什么是光呢？而我们所说的色彩又是什么形状的光呢？

在这本书的开头，我们就已经了解到光和化学反应之间存在着密切的联系。在第1章里，我们看到了在橙色荧光棒里，一个分子如何使用化学能来发射光子（也就是一种橙色光的脉冲）。在第2章里，我们知道了叶绿素是如何将光子转化为化学能的。不过，光和化学之间的联系要比那些发光的小饰品中的特定分子有用得多。

在第2章中，将分子聚集在一起的化学键是由它们的能量所决定的。把化学键扯开，需要多少能量？当化学键形成时，又会释放出多少能量？化学键是储存能量的一种方式，与化学键有关的每个行为（比如形成、破坏、弯曲、拉伸）都会和特定的能量有关。

光，也是一种储存能量的方式。每一个光子，也就是光的每一个单位，都代表了一定的能量。正如我们将要看到的那样，光子所带的能量决定了它的颜色。所以，对应于每一个化学键，都会有一种颜色，这种颜色的光子的能量就等于该化学键所含的能量。

一个分子中会有许多化学键，这些化学键都能够以多种方式来弯曲、伸缩。所以，每个分子都会有一个调色盘，来体现这个分子中所有可能的能量移动方式。我们把它叫作分子的光谱。

所有的化学反应都包括将能量从一个化学键转移到另一个化学键的过程。所以，每一个化学反应也都会有一个光谱，并对应于反应中所有化学键的破坏与形成。

因为光、色彩和化学反应这三者之间存在紧密的联系，我们有必要更深刻地认识光。所以，又回到了那个问题上：什么是光？

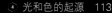

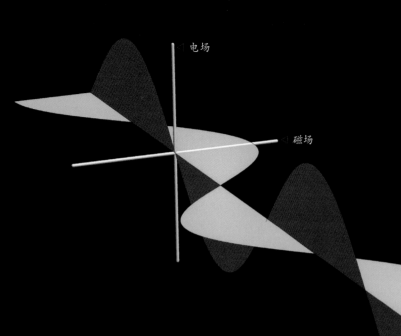

电场

磁场

在第1章中，我们了解到，磁力起源于量子世界的深处。在第2章中，我们学到了静电力。现在，我们要开始更深刻地了解这两种力之间的联系了。

运动中的磁场可以创造电场，这就是发电机的工作原理：把一个强大的磁体放在一个用电线做成的线圈中运动，从而在线圈中产生电流。

相反的操作也是真实存在的，运动中的电场可以产生磁场。这就是电动机的工作原理。当电流通过一个线圈时，就能产生磁场。

这两个现象结合起来，就可以使得电磁波穿越空无一物的空间。那里既没有磁铁也没有电线，只有能量在电和磁这两种形式之间周而复始地来回转换。当磁场衰减时，它就会产生电场；当磁场完全消失时，电场就达到了它的巅峰，然后开始衰减，同时又开始产生一个新的磁场，循环往复。

这些波传播得非常快。实际上，它们都以光速传播，因为它们本来就是光。光的能量就是通过电磁波来承载的。在这一点上，光就和声音很相似，而声波是通过压缩空气来传递能量的。

◁ 正如这张未经修饰的照片所示，猫咪很清楚阳光的能量能带来温暖。

摇滚演唱会上的这些大音响传递出的巨大声音足以对你的听力造成永久性损伤。

火箭发动机在全功率工作时所发出的噪声携带的能量非常大，它们碰到地面后再被反射回来，足以在数秒之内损坏火箭。这就是为什么火箭发射时，要在发射台及其周围倾泻大量的水的原因之一。水不仅仅可以给发射台降温（参见第172页），还可以抑制强大的声波。下图拍摄的是一个航天飞机的"水淹没系统"的测试过程，所以发射台上并没有火箭。

色彩和光也有一些相似之处，不同颜色的光就像音乐中的各个音符。光和声音都不仅仅能传递能量，它们还会给能量带来一种特别的风味。就像音乐中的高音和低音，光也有低色温和高色温之分。比如，蓝光的色温低，红光的色温高。

我不是在说某种优柔寡断、无病呻吟的方式，我的意思就是字面意义上的那个噪声。

▷ 所有的波，包括声波和光波，都能
够传递能量。比如，这种蓝色激光可
以轻易地点燃一根火柴。

钢琴上的最高音符，是比 C 调高 4 个八度以上的音阶，它每秒振荡 4186 次，波长只有 8 厘米。

声音是空气来回振动的产物。从声源开始，空气的压力在声波的作用下起起落落。当声波击中你的耳膜时，你就听到了声音。

钢琴上的最低音符，是比 C 调低 4 个八度的音阶。听到它时，你的耳朵里的空气会在每秒内振动 27.5 次。这就叫作音符的频率。当这个音符从空气中传播开来时，气压的两个峰值之间的间隔是 12.5 米，这个距离就叫作音符的波长。

400
410
460
470
480
490
500
510
520
530
540
550
560
570
580
590
600
610
620
630
640
650
660
670
680
690
700

△ 对于光来说，人类能看到的最高的"音符"就是紫光，它的振动频率大概是 7.5 亿次 / 秒（750 兆赫），波长为 400 纳米。波长更短一些的光称为紫外线。波长比紫外线更短一些的是 X 射线，再然后是伽马射线。

正如声音是空气的振荡一样，光以及 X 射线、伽马射线都是电磁场振荡的结果。不同音符的振荡频率不同，而不同的颜色也代表不同频率的振荡。光波的振荡速度要比声波快得多。人类能看到的最低"音符"是深红色的，振动频率大约是 400 兆赫。光波的传播速度也比声波快得多，大约为 30 万千米/秒，而声音的传播速度只有大约 340 米/秒。

每一种频率的光都对应着不同的能量，这种能量的单位就叫作量子。高频率的蓝光与低频率的红光相比，每个光子都拥有更多的能量。特定颜色的光子拥有的能量则完全相同。

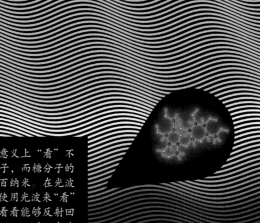

▷ 我经常会用"原子比光更小"来解释为什么我们在字面意义上"看"不到原子。我的意思是说：一个糖分子里含有 45 个独立的原子，而糖分子的宽度依然达不到 1 纳米。相比之下，可见光的波长则是数百纳米。在光波的尺度上，你几乎看不到能够代表整个分子的"点"。当我们使用光波来"看"某个东西时，我们会用许多光波照射到它的表面上，然后看看能够反射回来的光波是什么样子。因此，当我们要看的细节是光波的 1/1000 时，光波就因为太大而无法使用了。

▽ 光波的波长比声波小得多，大概是声波的千万分之一。声波的刻度是厘米，也就是百分之一米，而光波的刻度则是纳米，也就是十亿分之一米。人类能看到的波长最长的光波的波长大概是 700 纳米，波长更长的波称为红外光，再长的则叫作微波，在其之后则是无线电波。

看看前两页的图表吧，我们能够听到的声音的范围比我们能够看到的光的范围大得多，这是不是很有意思？每当你在钢琴键盘上升高一个八度，声音的频率就加倍了。一架标准钢琴可以发音的范围大概比7个八度略高一点儿，或者说它的最高音符的频率是最低音符的150多倍。但人类的听力范围远远超过这个范围，一些人（特别是小时候）能够听到的高音的频率大概是低音的400倍甚至更高。

然而，我们并不能看到一个"八度"的颜色。我们能看到的频率最高的红光，其频率是频率最低的紫光的2倍左右。

我们分辨声音频率的细微变化要比分辨不同颜色的光容易得多。我们内耳里的那些敏感的传感器可以将数以百计的人的声音辨别出来。而那些具有"完美音准"的人只要听到某个音符，就可以准确地说出它的唱名来。

相比之下，我们的眼睛就比较惨了。我们的眼睛只能分辨出3种不同频率的光，大致对应红色、绿色和蓝色。这就类似于我们只能听到3种不同的声音：低音、中音和高音。所有颜色都不过是三者以不同比例混合的结果而已。

有些动物的眼睛可以分辨3种以上的颜色，而通过一类叫作光谱仪的特殊装置，我们才能像听到声音那样"看到"丰富的颜色。

我们不仅能够辨别数百种不同频率的声音，还能同时听到多种不同频率的声音。比如，有3个不同的音符，波长如上图所示，它们一起演奏出来，会形成悦耳的C大调和弦。对此，我们可以轻易地分辨出同时发出来的低音和高音。

然而，对于颜色，我们完全做不到这一点。对于任何装潢设计师，无论他如何自命不凡，从生理上说，他都不能看出某个特定频率的混合颜色是由什么颜色组成的。

本页介绍了一些看似显而易见的声音，但它们实际上并非如此。当我们想要得到一个特定的声音时，对于一个扬声器或类似的装置来说，我们想要通过该设备创造出一个我们想要的频率，从而得到想要的声音。

如果我们想要一个C大调和弦，我们就会按响钢琴上3个独立的琴键，它们每一个都有自己独特的频率。我们也可以拨动吉他上特定的琴弦，或者往某个长度恰当的管子（乐器）里吹气。不管用什么方法，我们总是把几个独立的频率叠加在一起，从而发出声响。

这是显而易见的，对吧？还有什么别的方法可以做到这一点呢？

还有一种方式也可以制造出C大调和弦。同时按下钢琴上的每一个键，再使用一堵特殊的墙壁过滤掉除了你需要的3个频率的声音之外的所有其他声音。这样，剩下的声音就和你刚才用常规的方式创造出来的3个音符是一样的。很疯狂吗？实际上并不是。

用钢琴发出所有频率的声音的做法当然很傻，但这样的声音（称为"白噪声"）可以轻易地通过电子电路制造出来。白噪声听起来就像收音机发出的"嗞嗞"声，但你可以过滤它，得到"粉色的噪声"，也就是具有一定声调的声音。你甚至可以过滤它，得到少量的纯的声调。你可以使用一组调谐管，以机械的方式完成这项工作；也可以使用集成电路来实现，这种集成电路被称为音频过滤器。

△ 许多经典的声音模拟合成器都会使用"减法合成"的方法，把白噪声变成奇怪的声音，或者产生许多重叠频率的声音，然后再将其中的部分声音移除，以改变声音的音色。

你可能会觉得奇怪，我为什么要在一本关于化学反应的书里大谈产生声音的各种方式呢？这是因为理解了声音是如何工作的，会非常有助于理解光的工作原理，特别是光的颜色问题，而这正是了解原子、分子世界的关键。

光的吸收

正如声波可以被集成电路过滤一样，光波也可以被特定的材料所过滤，这种材料就称为……其实什么材料都可以啦。

在上一页里，我们谈到了白噪声。正如它的字面意义一样，这个名字来自白光的概念。和白噪声类似，白光包含了所有频率的光，而且各种光的含量都相同。我们的环境总是沐浴在来自太阳和各种人造光源所产生的白光之中。对于这种白光而言，这就相当于一架钢琴正被一群怪兽敲打着，每个琴键都在同一时间被敲得叮当作响。

（如果你想知道这群怪兽可以对一束完美的白光产生什么影响，请见第 142 页。）

彩色玻璃之所以有颜色，是因为它对特定颜色的光的过渡、吸收要比其他颜色的光更多一些。在法式彩色玻璃窗的另一侧，阳光依然是白色。而你看不到的颜色被"困在"玻璃里了。窗户这边美丽的色彩，实际上来自玻璃对颜色的破坏，而不是它创造出了颜色。

　　不过，这具体是如何发生的呢？为什么一些材料可以吸收特定颜色的光，而并不吸收其他颜色的光呢？这就是化学的作用所在。

　　白色物体的表面之所以是白色，是因为它们可以同等地反射各种频率的光，并让反射出去的光保持不变。而有颜色的物体并不是因为它们能够创造出有颜色的光，而是因为它们能够吸收其他颜色的光。一根绿色的丝线之所以呈现绿色，就是因为它吸收了红色、蓝色的光，并将大部分绿色的光反射出去了。

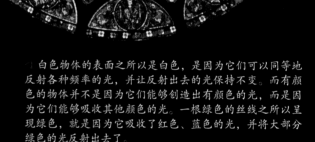

　　在本章的开头，我们讨论了每个分子如何拥有特定的能量，而这种能量与组成它们的化学键有关。接下来，我们将会了解到每种颜色的光都有一个特定的频率，而该频率与某个特定单位的能量有关。

　　关于能量与物质相互作用的关系，这里有一个关键的事实。只有当分子本身的能级与光的能级匹配时，分子才可能和光发生相互作用（吸收或放出光子）。如果你让特定颜色的光照在一个分子上，但该分子没有与这束光匹配的能级，光就会从分子旁边绕过去，或者随机地朝各个方向散射。

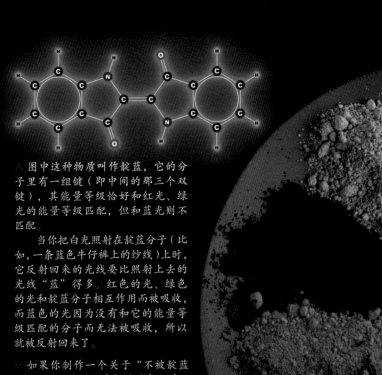

△ 图中这种物质叫作靛蓝，它的分子里有一组键（即中间的那三个双键），其能量等级恰好和红光、绿光的能量等级匹配，但和蓝光则不匹配。

当你把白光照射在靛蓝分子（比如，一条蓝色牛仔裤上的纱线）上时，它反射回来的光线要比照射上去的光线"蓝"得多。红色的光、绿色的光和靛蓝分子相互作用而被吸收，而蓝色的光因为没有和它的能量等级匹配的分子而无法被吸收，所以就被反射回来了。

▽ 如果你制作一个关于"不被靛蓝分子吸收的光的频率"的图表，并以此来对应一条蓝色牛仔裤的话，你就会得到下图中这样的东西。在和蓝光相关的范围内，很多光都被反射，但在其他范围内的光没有被反射回来。这就是蓝色牛仔裤看起来是蓝色的原因。

类似这样的图表（不过通常都不会画得这么可爱）就叫作光谱。下图就是靛蓝染料的反射光谱。

△ 靛蓝是染料的一个例子。在我的上一本书《视觉之旅：化学世界的分子奥秘》中，曾有一章讨论过染料和颜料，它们是专门用来吸收特定频率的光的化学物质。它们分子中的化学键被巧妙地组合起来，使与其能量等级匹配的光都会被消除。

这些漂亮的颜料对这个彩色的世界来说是如此重要。本书是一本关于化学反应的书，只要能让化学反应进行下去，就能用另一种方式来制造颜色，方法如同创造出特定频率的光，而不是消除特定频率的光。就像你可以在钢琴上敲击一个单独的琴键发出声音一样，你可以利用元素不同的能量等级来呈现你梦想中的那些颜色。

发射光线

如果你让一样东西变得非常炽热，比如这根白金探针，那么它就会发光。如果它只是有点儿烫，那么它会发出暗淡的红光。随着它变得越来越热，它将出现一系列颜色变化，从红色到橙色，再到什么都没有了。它会熔化，然后从火焰里掉出来。

这一类型的光是广谱的，它包含了一个宽泛的范围内多种不同波长的光。一个物体越热，它的光谱就越会朝着波长变短的方向移动，而光的频率也会越高，就是朝着光谱中蓝色的那一头移动。而当一个物体足够炽热时（在接近于2700摄氏度的某个温度下），它就会向我们呈现出白光来。这是因为它产生了波长范围足够的红光、绿光和蓝光，好似在模仿太阳的光芒。

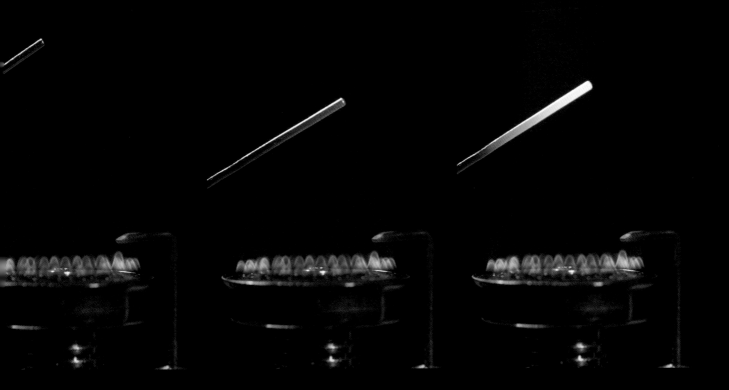

∨ 钨的熔点大致是铂的两倍，所以它在熔化之前可以变得比铂烫得多。这个灯泡的灯丝在 3 000 摄氏度左右发光，在那个温度下发出的光近似白光，只是略带一丝黄色。

∧∨ 在白炽灯发明之前，舞台上使用聚光灯来制造光束。这里的聚光灯指的是字面意义上的聚光灯。而不是那种处在注意力的焦点之下的比喻。聚光灯有一个微型氢气焊枪，它产生的氢－氧火焰的温度能达到 2800 摄氏度，火焰直接作用在一个用生石灰（氧化钙）做成的圆筒上。之所以用生石灰，是因为它可以承受如此高的温度，并且发出令人特别愉快的奶油色的柔光，这种光线很难被代替，直到人们发明了白光 LED 灯。

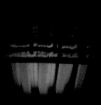

太阳的表面非常热，大概是5500摄氏度。这就让阳光几乎是纯的白光。

这些都是白热化的例子，也就是非常炽热的固体发光的现象。当你看到一个炽热的物体发出漂亮的黄光、白光时，这就可能是它白热化的结果。当这个物体不是固体时，这一点依然成立。

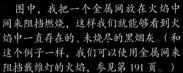

蜡烛的火焰，看起来完全是由气体组成的，但它像白热化的固体一样发光。这是因为蜡烛的火焰里实际上充满了许多黑色的烟灰微粒，就是蜡燃烧后剩余的碳残渣。这些烟灰在火焰中看起来不像是黑色的，这是因为它们太热了，就像灯泡里发光的灯丝一样。我们没有看到它们从火苗的顶部窜出来，是因为在一根制作精良的蜡烛中，它们还没来得及到达火苗的顶端就已经燃烧完了。

图中，我把一个金属网放在火焰中间来阻挡燃烧，这样我们就能够看到火焰中一直存在的、未烧尽的黑烟灰。（和这个例子一样，我们可以使用金属网来阻挡戴维灯的火焰，参见第191页。）

在电灯出现之前，石灰灯是电影放映机和聚光灯的最佳选择，但它太贵了，操作又很不便。把乙炔"光源"用在放映机里，则被认为是名列第二的备选方案。乙炔气体燃烧时会发出令人难以置信的强光，因为它的火焰中会形成大量的烟灰，然后又立即被烧掉。你可以看到，一个没有调整好的乙炔灯的火焰中会有很多吓人的烟灰。它散发出滚滚黑烟，最终会积累成一条条或一片片的烟苔。

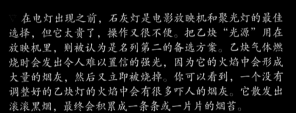

正如每个分子都有和它的各个化学键相关联的、特定的能级特征，每个原子也有与它的电子相关联的特定能级。这就意味着每种元素都有一组光谱频率，当它们处于非常热的气态时，光谱就会发射出来。要想看到这种现象，有一个很好的方法，在室内就能完成：把各种元素的混合物溶解在溶液之中，然后把溶液喷向一簇炽热的火焰。（很快我们就能看到一个更好的方法，在户外就能看到这些光谱。）

钙

在钙的火焰中，这种精致的薰衣草般的颜色，来自一组过热的钙原子所发出的蓝色光谱。

铜

在常温下，铜是一种红色金属。但当一个个铜原子被加热时，气体中就会释放出特定频率的强烈的绿光来。这些频率的光被称为铜元素的谱线或者原子发射光谱。

在第 119 页和第 120 页，我画了许多间隔相等的光波，以表示连续的频率范围。但本页的波纹是根据这些元素所发出的特定光线的实际波长来绘制的。这就是它们的间隔并不均匀的原因。

锶

锶因为它那玫瑰红色的谱线而闻名。

我们的耳朵很擅长从一段音乐中听出各个独立的"谱线"，也就是构成复合声音的单个音符。但是，我们不能对光做同样的事情。幸运的是，有一种简单的仪器叫作分光镜，它能够把光束分解为组成它的"音符"。

▷ 艾萨克·牛顿爵士有一个著名的实验：他用一个玻璃棱镜把白光分解成了彩虹一样的光线。不过，今天更常见的做法是使用一类被称为衍射光栅的东西完成同样的事情。（衍射光栅比棱镜的体积更小，也更便宜。）

能够看到光线中单个的"音符"是非常有用的，因为这些"音符"对应了原子和分子中的特定能级。就像一个拥有完美音准的人可以告诉你一首乐曲是由哪些音符组成的，一台光谱仪也可以展示一束光包含哪些特定的频率。这样，你就可以知道哪些原子、分子参与创造或过滤了这束光线。

▷ 一束白光

▷ 衍射光栅

▷ 白光的光谱

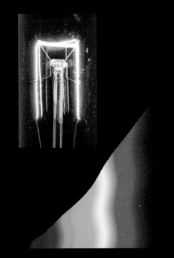

△ 如果你把一台光谱仪指向一个非常炽热的东西，比如一个老式白炽灯的灯丝，你就会看到一个平滑的、均匀分布的彩虹般光谱。这就是经典的白光——所有不同频率的光的混合物。阳光的谱线看起来和它非常相似。这就是为什么我们更喜欢在这种光线下待着，因为我们很熟悉它。

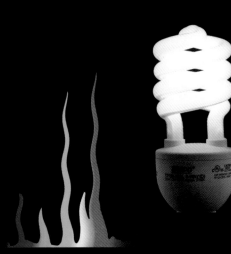

△ 而一些其他光源（比如图中这种廉价的荧光灯管）产生的光线看起来很像温和的白光。但实际上，它只是由几种频率范围狭窄的光线所组成的。这种光看起来是白色的，那只是因为我们的眼睛对颜色的辨别能力太差了。当这样的光线照在物体上时，就会使物体本来的颜色失真，这就是为什么在荧光灯下拍摄的照片、视频有时候会呈现出各种奇怪的颜色。

△ 而 LED 灯同样具有荧光灯那样的高效率（甚至更加节能），发出的光谱却更加平滑。虽然还不算完美，但它的表现真的很不错！这些 LED 灯具已经有足够好的特性来占据摄影专业照明领域。它们稳定可靠，发热少、光线强，而且渲染颜色的效果非常好。（专业灯光的频谱甚至比上图中这个家用款的更好。）

每个元素、每个分子都有一组与之相关联的、独一无二的光谱谱线。所以，分光镜可以让我们可以通过识别、检测光谱谱线来辨别不同的元素和分子。

激光所产生的光只有一个频率。当激光的光束照在棱镜或光栅上时，它并不会被散开，只会改变方向而已。

在这幅图中，是什么金属在被加热？从绿色火焰上，我们可以猜到其中有铜。但只有光谱仪才能给我们提供确切的证据：光线中那专属于铜的特征频率。

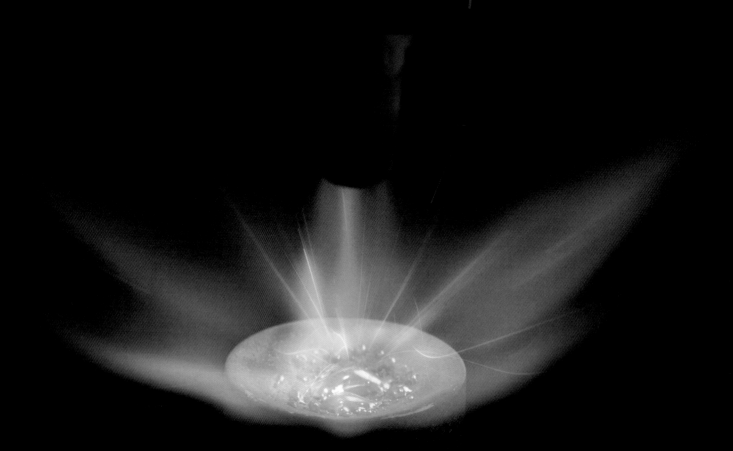

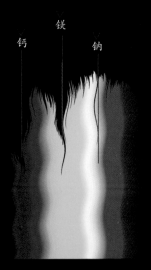

钙　镁　钠

这是一个令人振奋的部分。因为分光镜可以通过物体所发出的光来辨别元素或分子，所以在检测时你并不需要接触这个物体。不必和这个物体待在同一个房间里，甚至不必和它在同一颗行星上。使用光谱仪来观测一个星体，我们就可以笃定无疑地说出它的大气层中有哪些元素以及没有哪些元素。我们在地球上就可以观测银河系甚至更遥远的星系中的星体。浩瀚而古老的星空向我们唱起了光之歌，更值得庆幸的是我们还能读懂它。

孤狸座

北美星云
NGC7000

HD189733

天鹅座

天鹅座天津四

天鹅座 β 辇道增七

指环星云 M57

天琴座

天琴座织女星

如果你有一架足够强大的望远镜，再加上足够灵敏的光谱仪，你甚至可以探测到那些环绕着其他恒星运行的行星的光谱数据，并从中辨别出它们上面的元素和分子。比如，当读到来自另一个地外世界的某个行星的新闻时，你听说它的大气层里有氧气、硫酸雨或者甲烷的晶体，这些都是从这颗行星的光谱中所获得的信息。比如，编号为HD189733b 的行星围绕着我们称为HD189733 的恒星运转，人类已知它的大气之中含有氧气、水、甲烷和一氧化碳。我们知道这一点是因为光谱仪"聆听了那完美的旋律"——来自遥远世界的光线，从而告诉了我们它所"听到"的东西。

本页显示了所有不同的元素的原子所发出的光。我们在前几页看到的钙、铜、锶的光谱其实都经过了简化，只显示了那几条最明显的谱线。大多数元素都会发出很多条不同的谱线，有的元素甚至有数以百计的谱线。

我们已经知道，有些元素在光谱的某一个区域内能够发出特别强烈的谱线来。这就意味着，这些元素在被激发时可以创造出耀眼的色彩。这些元素就是可以用来制造烟花的元素。

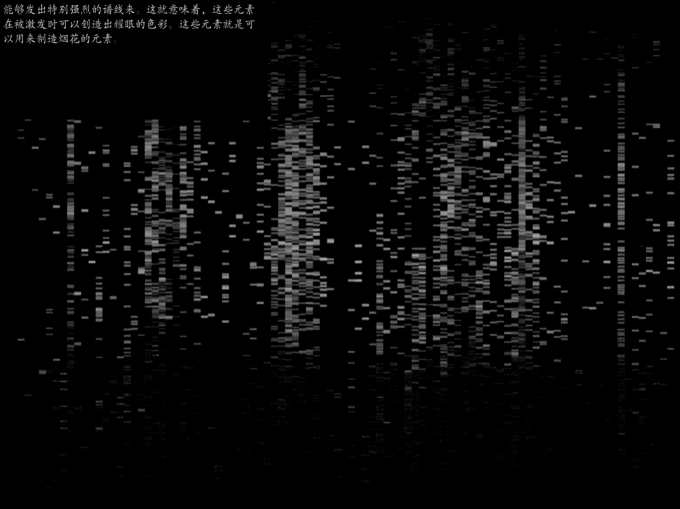

在烟花之中，蓝色是很难实现的一种颜色。铜可以展现很漂亮的蓝色发射谱线，但它同时也会发出强烈的绿色谱线。此外，烟花首先必须有足够的热量，才可能产生发射谱线，所以，必须燃烧一些烟花中的燃料，但这样就会产生明亮的黄光。这些黄光很容易盖住蓝光。科技发展后制造出来的 VC 和氯化橡胶可以在较低的温度下燃烧，这使得烟花能发出灿烂的蓝光，同时也让烟花的颜色变得更加丰富了。

绿色的闪光通常来自钡盐。

在展示原子发射谱线方面，世界上恐怕再也没有别的形式比色彩斑斓的烟花更引人注目了。图中的烟花爆发出红光是因为其中含有锶元素，具体说来，锶元素可能是以碳酸锶的形式掺到火药里的。（这种商业用途的烟花的具体配方属于商业秘密，但通过光谱仪可以看出它使用了哪些元素。）

烟花不仅是原子发射光谱的一个很好的例证，它也很好地证明了一个道理。如果某人在运用我喜欢称为"中国古代的化学排列艺术"的技巧，那么化学反应是可以控制的。

中国古代的化学排列艺术

化学家们倾向于把化学反应看成分隔开来的东西，每次只研究一种反应。正如我们在前面几页里看到的那样，他们把一种种元素分离出来，看看它们能够独自创造出什么颜色来。而烟花的设计师们则把同样的化学反应看作调色板，用来绘制美丽的画面。这种艺术就在于安排各个单独的化学反应的顺序，让它们一个接一个地发生，创造出令人惊艳的视觉效果。

烟花表演就是一个很好的机会，让你可以观察到元素对色彩分布的影响。不过，实际上当导火线点燃时，这个影响就已经产生了。

啊，经典的小火箭！在我居住的伊利诺伊州，出售和燃放这种烟花是不合法的，但只要往东走48千米，就会有一个无法无天的地方，那里的人们在毫无愧疚地公开销售这种烟花。我们把那儿叫作印第安纳州。在民宅的院子里举行的各种烟花表演中，小火箭都是很流行的，但那种正式的烟花秀中很少用到它。

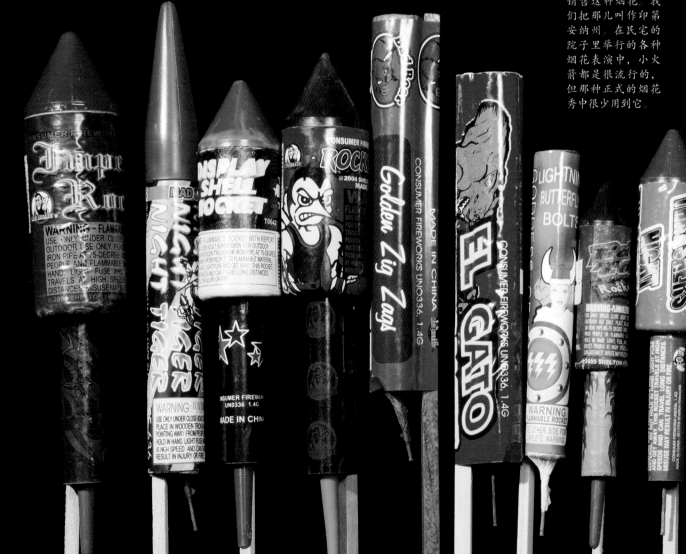

化学家版本的花朵排列：每一种都整齐地排列好，彼此分开，以方便人们进行详细研究。

烟花制造者的各种版本的花朵排列：即使在化学上乱作一团也没关系，重要的是产生丰富的变化。

大型烟花表演中使用大炮式而非火箭式结构的烟花，因为前者更加安全高效。市面上可以买到这种小型礼花弹，它的直径只有5厘米。在美国，出售这种小礼花弹不需要特殊许可证，在出售火箭烟花的地方就可以买到。而专业的大型烟花表演使用的直径为7.62厘米、10.16厘米、15.24厘米、20.32厘米、25.4厘米甚至30.48厘米的礼花弹就很难搞到了。

下图展示了用一根导火索点燃烟花的反应（我们将在第6章中了解更多关于火药的知识）。

为什么用的是"炮弹"？火箭烟花在飞行的全程中都有动力推动，它可能会方向失控并冲向观众。而礼花弹是通过"炮管"射向一个特定方向的，它别无选择只能沿着预定的方向走。礼花弹里几乎全是用于爆炸的有效载荷，它没有重重的"火箭推进器"，这样不会增加重量，也不会掉到谁的头上。

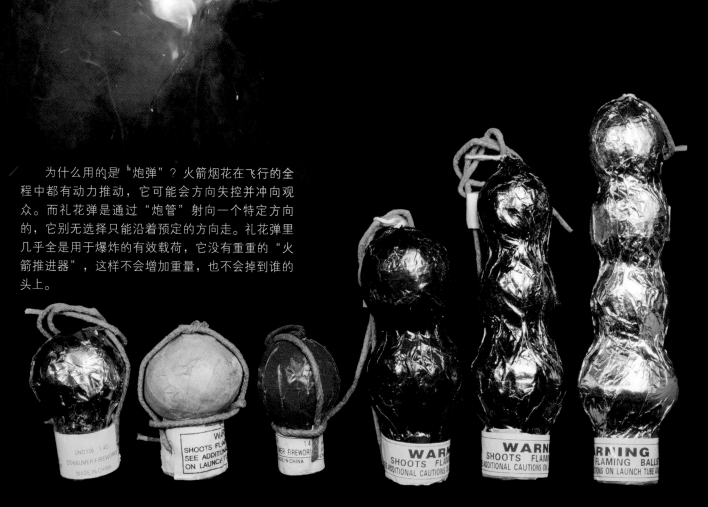

这里我们看到的是礼花弹的解剖结构，我喜欢将它称为"印第安纳级"礼花弹。（从技术上说，其实是1.4G消费者级别的烟花。这种烟花在美国的其他若干个州也是合法的，不过对我来说重点是我能在印第安纳州买到它。）翻到第195页，你就可以看到礼花弹引燃时在"炮管"里的样子了。

礼花弹的中心是炸药，它由闪光粉制成，是一种比黑火药更加强力的爆炸物。（第6章中有更多关于炸药种类的讨论。）

干燥的稻米壳在烟花中作为包装材料使用，它能让各种材料保持紧密。炸药的用量受到法律以及成本的限制，因此人们会用稻壳、棉籽或其他一些可压缩的干燥材料来填充多余的空隙。

这些"星体"是礼花弹的"有效部分"，其他部分的作用都是让它们飞到空中并向各个方向散开。每个"星体"都是一个小颗粒，里面包含燃料与某种能产生特定火焰色彩的元素。有时"星体"被做成不同化学成分交替分层的样子，这样它就可以闪烁或变换颜色。"星体"就是营造了四处飞散的美丽火花的成分。

导火索连接着"推进剂"，它由黑火药组成。这部分材料负责将礼花弹发射到空中。

将礼花弹剖成两半，我们能够看到其中的延时导火索。它连接着底部的推进剂与上方球体中心的炸药。延时导火索的燃烧时长恰到好处，它能使礼花弹正好能在它短暂而辉煌的飞行的最高点爆开。

用棉球浸一下含有金属盐和酒精的溶液，然后将其点燃，这是一种很好的预览方法，它能展示这种金属盐类将在烟花中显示什么颜色。

给蜡烛染色很容易，只要在蜡中混入常见的染料或者色素就可以了。但想给烛火染上和蜡烛一样的颜色，就要困难一些。蜡烛中的色素无法给火焰上色，因为它们只会被烧掉。这些漂亮的生日蜡烛利用了一系列元素的发射光谱来制造彩色的火焰，这与烟花中使用的种类相同。这些元素不会改变蜡烛的颜色，但它们在火焰的加热中幸存下来，并且只要将各种元素与色素相匹配，生产者就能做出和火焰的颜色一致的蜡烛。

用六七种元素就能创造出大型烟花秀中绝大多数绚丽的色彩，这些色彩中的一些就是纯色，一些则是几种颜色混合的结果。人们有时会将烟花描述成光与声的交响乐。我从不会这么说，因为这是陈词滥调了。不过从技术上说，这种描述其实相当准确。每一次烟花爆裂都像在弹奏一种乐器，为整个"乐章"贡献着它自己的"音符"——特定频率的光。这就是"元素的力量"。

5

无聊的一章

这一章的有趣程度会和看着油漆干燥差不多，因为不是所有的内容都那么令人兴奋。例如，看着草生长只会让我觉得无聊得要死，而与油漆干燥和草生长相比，看着水沸腾就更加兴味索然了。不过它也可能是会要人命的。（译者注：此处提到的这三件事在英语中常用来描述事情非常无聊。）

让我们从看涂料变干开始。

涂料变干其实与干燥并没有什么关系。这个过程确实需要水或者其他什么溶剂挥发，但重要的是这之后的事情。当溶剂几乎完全挥发后，涂料必须进行魔法般的转变。它从黏稠的液体变成坚韧的固体，它要留在原地很多年，与雨雪冰雹、顽皮的小朋友以及强烈的阳光做斗争。

如果涂料不做任何字面意义上的"干燥"之外的事情，不进行某些化学变化，那么它就会很容易再被溶解。这样，水基涂料就不可能防水，油基涂料也不可能抵御溶剂的侵袭。

这样的涂料确实存在，但对于最好的涂料而言，让它们变干的过程就比用这种方式聪明多了。

观察涂料变干

可清洗的儿童颜料被设计成在干燥之后很容易从织物中脱离。这是一个涂料在真正意义上"干燥"的例子，这个过程主要只是水分的蒸发。因为这些颜料要在重新润湿之后立即被洗掉，它们就不能在干燥的过程中进行任何不可逆的化学反应。相反，它们中有短链的水溶性聚合物来把色素颗粒结合到一起。这种颜料不是真正的涂料，它们更多地只是玩具，除了在某些场合用后就洗掉也就没什么其他的实用价值了。玩过之后，这些颜料就被从头发、地毯、桌布、罩衫、衬衫、袜子和小狗身上洗去。（另外，"可清洗"其实是个相对的说法。小狗洗一洗就变得很干净，但那些白衣服可能再也不会亮白如新了。）

硝化纤维素漆和虫胶漆

仅仅通过蒸发、干燥溶剂，你也能得到真正不错的涂层：这次我们用的不是水，而是一种在未来的涂料中不太可能会使用的溶剂。这样的溶剂包括丙酮、甲苯、苯，以及其他散发气味、有毒、易燃、致癌或者有污染的有机溶剂。考虑到这种涂料的本质，人们必须促使这些溶剂蒸发到空气中，这导致它们的副作用难以避免。这些类型的涂料（主要是硝化纤维素漆和虫胶漆）在世界上的很多地方都被禁止大规模使用。

硝化纤维素漆是一种只通过蒸发就可以变干的涂料，但蒸发掉的溶剂并不是水，而是丙酮或甲苯之类的东西。如果你在涂层上加上同样种类的溶剂，涂层还会被溶解破坏，哪怕是在数年之后。这在有的时候也是件好事。受损的漆层可以通过局部溶解重涂来修复，而通过化学方法硬化的涂料则无法进行这种操作。

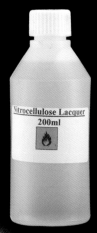

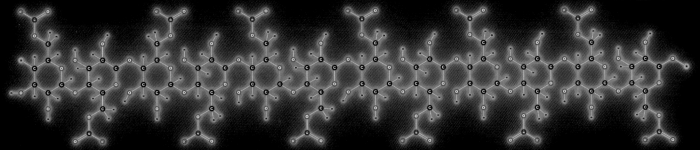

△ 如果让大量的有机溶剂蒸发，就会产生很多刺激性气味并对环境造成影响，因此除了小规模使用以及特殊用途之外，使用这种涂料并不是很好的主意。硝化纤维素漆的特殊用途包括用在吉他之类的乐器上。人们说它能改善乐器的音色，不过这可能也只是人们的想象罢了。

硝化纤维素相当易燃。它作为固体表面涂层的时候并不会燃烧，但如果是以较厚的膜独立存在，情况就不一样了。老式硝基电影胶片的易燃性是出了名的。它的主要成分是硝化纤维素，其中加入了樟脑油（也是易燃的）以使其变得柔软。只要想想这一点，它的易燃性就是意料之中的了。把这些胶片和投影仪中灼热的弧光结合起来，你就得到了有时会致命的组合：易燃易爆的胶片，以及近在咫尺的点火装置。因为硝化纤维素胶片的使用，历史上有很多人在影院里丧命。

为什么硝化纤维素漆如此易燃？这当然与它的名字中的"硝化"部分有关。

棉纸和棉花纤维几乎百分之百都是普通的纤维素。它们会燃烧是因为纤维素分子可以与氧分子发生反应，产生二氧化碳（CO_2）和水（H_2O），同时释放足够产生灼热火焰的能量。我们能够预见纸张会燃烧，但它燃烧得比较慢，这是因为反应速度受到周围氧气供应的限制。（吹火焰通常会让纸张烧得更旺，这是由于你提供了更多的氧气。）

$C_{24}H_{40}O_{19}$ $25\ O_2$ $20\ H_2O$ $24\ CO_2$

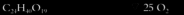

（编者注：上图中最左侧的物质为高分子化合物，此处只画出了其中一部分结构单元。）

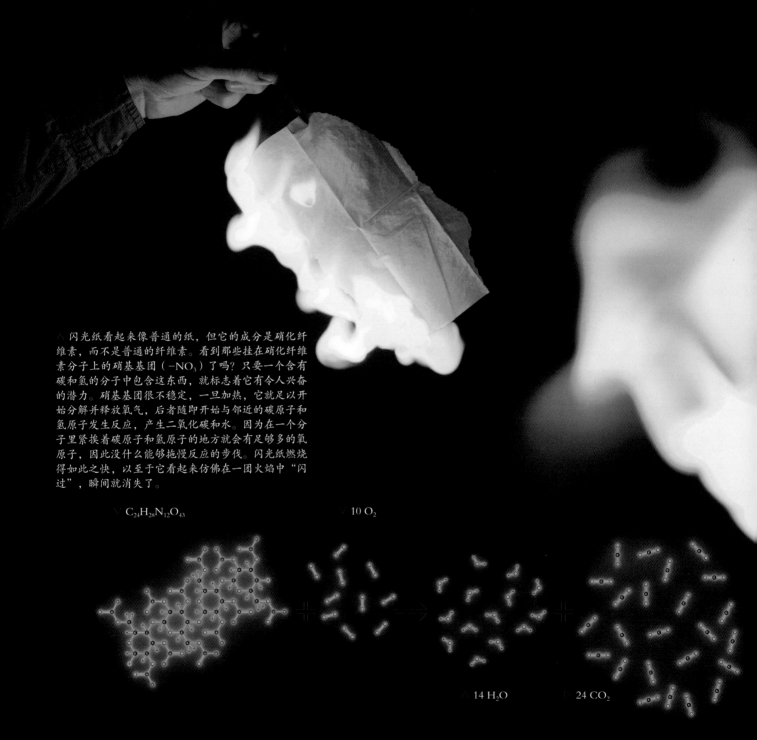

△ 闪光纸看起来像普通的纸，但它的成分是硝化纤维素，而不是普通的纤维素。看到那些挂在硝化纤维素分子上的硝基基团（$-NO_3$）了吗？只要一个含有碳和氢的分子中包含这东西，就标志着它有令人兴奋的潜力。硝基基团很不稳定，一旦加热，它就足以开始分解并释放氧气，后者随即开始与邻近的碳原子和氢原子发生反应，产生二氧化碳和水。因为在一个分子里紧挨着碳原子和氢原子的地方就会有足够多的氧原子，因此没什么能够拖慢反应的步伐。闪光纸燃烧得如此之快，以至于它看起来仿佛在一团火焰中"闪过"，瞬间就消失了。

▽ $C_{24}H_{28}N_{12}O_{43}$ ▽ $10 \ O_2$

△ $14 \ H_2O$ ▽ $24 \ CO_2$

（编者注：反应图示中最左侧的物质为高分子化合物，此处只画出了其中一部分结构单元。）

$6 N_2$

魔术师们用这种东西来变戏法。例如，一张百元美钞（其实是假的，印刷在闪光纸上）在火光一闪之后就消失在空气中。与其他大部分魔术戏法不同，这个魔术从哪方面看都没有作假。当闪光纸燃烧时，反应产物只有二氧化碳、水和氮气。无论哪一种都是空气中天然存在的成分。所以，"钞票"确实消失在空气当中了，它真的变成了空气。

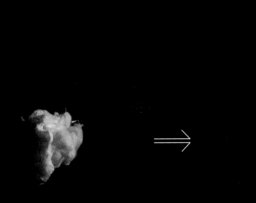

硝化纤维素是从棉絮中得来的，所以，它还有另外一个名字——火棉。在枪管的有限空间里，它爆炸产生的力量足以使它成为比黑火药更佳的选择。提供能量和气体的不只是氧、碳和氢之间的反应，硝基中的氮原子结合形成了氮气（N_2），这释放了更多的能量，并且贡献了更多的气体，从而在子弹后方的枪管中蓄积了更大的压力。

如果硝化纤维素漆和火棉的成分都一样，那么是不是意味着能用干掉的漆打上一枪？我试过了，但遗憾的是，这看起来并不可行。当原始的纤维素进行硝化时，可以控制在分子上多加多少硝基基团。制作火棉时有很多硝基基团被加了进去，但制作硝化纤维素漆时，在每单位纤维素上加的硝基基团的个数则要少得多。这使得硝化纤维素漆易燃，但它不会像火棉那么易爆。用干燥的漆来开一枪，这本来是我最盼望能做成的事！对于这道题，我能得到"把子弹塞进枪筒"这一步的过程分吗？我能做到的也就只有这一步了。

在现实中，大型枪械经常会把主装药（将会被抛出的部分）和推进剂（用来推动抛射的东西）分开装填。这是用来装填155毫米口径榴弹炮的推进剂药柱之一。这个看起来像在硬纸管中装填了爆炸物颗粒的东西，几乎完全是由硝化纤维素制成的，甚至硬纸管使用的都是硝化纤维素纸（基本上也就是闪光纸）。为什么？这样一来，一切东西（包括包装管本身）都会为爆炸做贡献，而且这样在开炮之后炮管里就不会有什么东西剩下来。（好吧，说实话，这是一个训练用的模型，它完全是用惰性材料制成的，但它看起来和真的一样。）

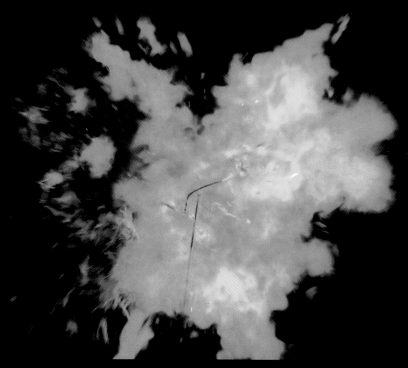

漆料在历史上就以易燃著称。在梵文史诗《摩诃婆罗多》中就有容易燃烧的"漆宫殿"（译者注：通常又译作"紫胶宫"）的故事。这座建筑由难敌为般度的儿子们所建，它整个都是由漆建成的，因为难敌希望纵火将它烧光，从而烧死般度族的五兄弟。这到底是哪一种漆？书中并没有准确记录，不过鉴于硝化纤维素漆在 20 世纪 20 年代才出现，那肯定是更古老的品种。一些版本中提到建筑过程中使用了硝石，这当然是一种让虫胶漆变得更易燃的很有效的方法。硝石是硝酸钾，它也是黑火药的关键成分，详见第 193 页。

虫胶漆由紫胶虫分泌的树脂状物质制成，这是另一种只通过蒸发变干的涂料。但我们不会在这里展开探讨它，因为你无法用它制造爆炸物。虫胶漆致命的风险仅限于溶剂的易燃性。虫胶通常以薄片状的形式出售，你可以自己决定用什么来溶解它。"纽扣虫胶"是虫胶的粗提取物，它被制成纽扣那样的小片状，图中的这个来自印度的工厂。

乳胶涂料

水基乳胶漆是目前为止最常见的一种涂料，业主、建筑公司、爱好者以及任何想要方便廉价地涂刷大块面积的人都会使用它。它容易使用，闻起来也不会太糟糕，并且被认为对环境无害（具体则取决于涂料中除了水还含有哪些成分）。

乳胶涂料也是一个只会"干燥"的例子，但它用了一个聪明的招数。

写一本书的好处在于可以弄清楚多年来一直让你烦恼的事情。你会被迫去研究它们，以免误导读者。比如说，你知道乳胶漆里并没有天然乳胶吗？我过去就不知道这一点。

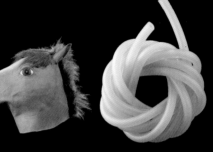

对我而言，"乳胶"这个词意味着一样东西——乳胶，这是一种用来制作医用手套和万圣节面罩的材料。但是乳胶只是"乳胶"这个词的一种用法。"乳胶"可以用来表示任何一种分散在水中的聚合物（长链分子）的细小颗粒，乳胶只是其中的特殊情况，其分散的聚合物是天然橡胶。与之不同，乳胶涂料使用的是丙烯酸、乙烯基、聚乙酸乙烯酯材料，或者几种其他类型的聚合物，但它从来不用乳胶。

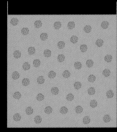

装在罐子里的乳胶涂料有点儿像被用力摇匀的意式沙拉汁。就像橄榄油小液滴分散在醋中，在乳胶涂料中有微小的"油滴"分散在水里。水和油不会混在一起，因此这些小油滴并不会溶解。与沙拉汁不同的是，这些涂料中含有让小油滴彼此稍微排斥的特殊成分，确保它们不会聚集到一起，并像沙拉汁那样分层。

每个小液滴里的"油"是溶剂"Texanol"（译者注：化学名为2,2,4-三甲基-1,3-戊二醇单异丁酸酯），这是一种因为它特定的蒸发速度而被选中的物质。很多中等长度的丙烯酸聚合物链溶解在溶剂中，这些聚合物可以在Texanol中溶解，但不溶于水，所以当小液滴被水包围时，它们就会被困在小液滴当中。

涂料刚刚刷好时，它依然主要是水，含有聚合物的Texanol溶剂小液滴漂浮在水中。

随着水分的蒸发，溶剂小液滴越靠越近。它们彼此排斥，所以还没有融合到一起。

最终很多水都蒸发掉了，溶剂小液滴只得彼此接触并融合。

当所有水分都蒸发掉以后，就形成了一张连在一起的Texanol溶剂液膜。它的蒸发要慢得多。在这段时间里，聚合物彼此混合

随着溶剂缓慢蒸发，聚合物彼此贴紧、"锁"在一起。

所有Texanol溶剂挥发之后，剩下的就只有缠结在一起的聚合物链（以及被它们网住的色素颗粒）了。

使用Texanol是因为它的挥发速度比水要慢得多。当水都蒸发掉之后，就剩下一层薄得多但依然是液体的涂料。但现在它不再是水基液体，而是基于溶剂Texanol的液体。被小液滴困住的丙烯酸聚合物现在获得了自由，它们可以在全是Texanol的液膜上铺展开，彼此缠结。

随着Texanol的缓慢挥发，涂料层越来越薄，直到只剩下丙烯酸聚合物，最终硬化成为坚韧、固化的膜。在整个过程中都没有新化学键产生，但缠结的聚合物链之间较弱的作用力可以把它们尽可能紧密地"锁"在一起。然而，它们还是可以被多种有机溶剂再次溶解，这使得乳胶涂料不像交联涂料（见下一节）那样耐化学品侵蚀。

如果乳胶涂料只是依靠蒸发水来变干，那它就会像儿童用的水溶性颜料（可以用水把它们洗干净）一样被水再次溶解。这会让它变得相当没用，尤其是对户外情况而言。但与之相反，它只会受到有机溶剂的影响，这在日常居家条件下是不太可能遇到的。

换句话说，乳胶涂料其实有一点儿像老式的硝化纤维素漆或虫胶漆，因为它们都要挥发有机溶剂。但是乳胶涂料用了个聪明的招数，它用水作为二级载体。这大大减少了有机溶剂的用量，以至于在挥发性有机溶剂的使用受到严格限制的地方，乳胶涂料也不会被盯上。

水中的一个Texanol小液滴，概念图。但这不是真实的比例！在小液滴中，你会看到混在一起的长聚合物分子（实际上要比这长得多）以及较小的Texanol溶剂分子。一个真实的小液滴含有数百万个这两种分子。

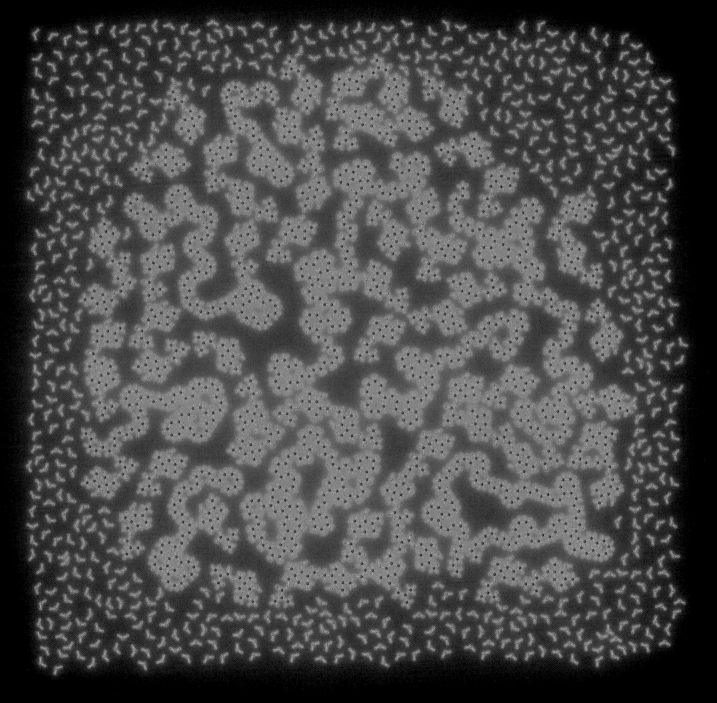

油基涂料

　　只进行字面意义上的"干燥"而没有化学硬化过程的涂料也有它自己的用武之地。如果你想要得到真正牢固的效果，就需要一种会发生不可逆化学反应的涂料，它会永久硬化。这种涂料会"固化"，而不是只会"干燥"。使用这种涂料的核心秘诀之一，在于如何控制固化反应，让它只在涂布之后发生，而不会发生在涂料罐里。有两种本质上大不相同的方法可以实现这一要求，其中的一种可能会导致足以致命的房屋火灾。

　　油基涂料（天然的或合成的）在其中的物质与空气中的氧气发生反应时硬化。它们不会在罐子里硬化，这不是因为涂料罐阻止了蒸发，而是因为罐子阻止了它们与氧气接触。在封闭的罐中，涂料表面常会形成一层皮，这是顶部空隙中的氧气与涂料表面反应的结果。

　　因为这种涂料需要氧气来硬化，它总是从最外层开始硬化。当最外层硬化之后，这极大地减慢了氧气向内渗透的速度。这意味着，这些油性涂料的涂抹厚度有限制，太厚时就总也干不了。因此，若干层薄涂远比一层厚涂要干得快。

亚麻籽油，有"生"和"熟"之分，它用作涂料已有大约 1 500 年的历史。（这种植物至少在 3 万年前就为人类所知，它的油脂至少有 9 000 年的使用历史。）有意思的是，人们为了摄取有利于健康的欧米伽 -3 脂肪酸而吃的"有机亚麻籽油"和它其实是同一种东西。在英文里，"flax"和"linseed"是同一种植物的两个名字，所以，当你吃亚麻籽油的时候，你其实可以说是在吃一种涂料。（但是，别去吃那些作为涂料的亚麻籽油！它几乎总是含有促进硬化过程的金属盐类添加剂，这些东西可不健康！）

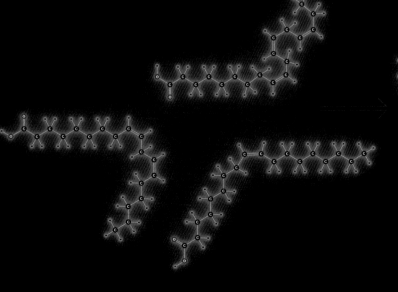

亚麻这种植物既好看又实用。亚麻籽可以压榨，制成食用和制造涂料所用的亚麻籽油，它的纤维可以织成亚麻布。

有时，看着油漆变干也事关生死。比如，在2005年到2009年之间，就有7个人因为没有正确地盯着油漆干燥而死亡。好吧，其实不是这样，你不是必须盯着所有的涂料变干。刚刚刷好的墙并不会着火。但是这个统计数字绝对是真实的。如果你把浸了特定种类的油性涂料（包括亚麻籽油）的棉布扔下不管，那么它就有可能在大约8小时之后自发地燃烧起来。

发生了什么？其实是涂料硬化的那个氧化反应释放能量把涂料加热了。当薄薄的涂料铺展在一大块区域上时，这个加热作用完全无关紧要。你从来都不会感受到它。但是，当用涂料浸满一团抹布时，涂料很集中，而且布团阻碍了散热，能量就会开始蓄积。当温度升高时，化学反应也会进行得更快。因此，硬化/氧化反应进行得越来越快，释放越来越多的能量，直到最终开始冒烟并迸发出火焰。因此，聪明的人们会用特殊的防火金属容器来处理那些浸了油性涂料的抹布！

油基涂料的"油"中含有甘油三酯和脂肪酸分子，其中若干相邻碳原子之间存在双键（在分子示意图中用两条线表示）。这些双键使"油"成为"不饱和脂肪"。（如果对甘油三酯和不饱和脂肪酸的讨论听起来很像饮食指南，那是因为就像上面说到的，这些天然的油性涂料和你吃的植物油有相同来源，因此它们也有同样的化学性质。）

当油基涂料变干时，那些双键被氧化（它们与氧气反应）变成单键，并且可以和邻近的分子产生新的联结。结果，分子彼此连在了一起（称为"交联"），形成巨大的分子网络，贯穿整个涂层。一旦涂料交联完毕，它就不能再被水、油或其他普通的有机溶剂溶解。

有意思的是，当你吃亚麻籽油或其他不饱和植物油时，类似的氧化反应也发生在你的身体里。这一次分子不会在你的身体里交联成一张固化的膜，甘油三酯会被分解，这主要是为了它们的能量。但是别被这些不同点迷惑了。油性涂料变干和你的身体对植物油的加工其实都开始于同样的化学反应。

这是专门设计的针对"油漆干燥"的容器（油性涂料抹布垃圾桶）。它的底部有一个通气环，把容器与地板隔开（万一内容物着火，它可以起到隔热作用）；还有一个带弹簧的防火盖子，保证把内容物安全地封闭起来。油漆变干是件严肃的事情，对吧？这并不无聊。

人们常说，金门大桥总是持续不断地从一头到另一头进行刷漆，当在遥远的终点完成任务之后，工人就得从起点重新开始。人们可能会想象，在历时多年的工作完成之后，在一个小小的庆祝仪式上，工头说："嘿，伙计们，你们懂的，明天我们在起点见！"

这座大桥确实一直在进行粉刷工作，但可不是这么按顺序来的。现在的团队由 28 个涂刷工人、5 个助理、1 个工头和 3 条狗组成，他们四处游走，到那些最需要补漆的地方去。大桥在 1995 年之后就再也没有从头到尾涂刷过了，因为上一次重新涂刷就花了 27 时间。（我得承认，3 条狗的事儿是我编的，但其他令人难以置信的信息都是真的。）

金门大桥完工于 1937 年，它最初是用含有 68% 红铅膏（由四氧化三铅粉末制成）的亚麻籽油涂料涂刷的。人们当时真的热衷于在涂料中加铅！现在市面上已经没有这样的涂料了。金门大桥现在是用硅酸锌底漆和丙烯酸面漆涂刷的。锌提供耐腐蚀性，面漆用于上色，并保护底漆。

金门大桥（以及其他桥梁）要不断地进行涂刷，是很有必要的，这都因为一个不幸的事实——钢铁会生锈。如果钢铁这种最便宜、最结实、最容易制造的金属材料不会生锈，那么人们就不会花费巨额的金钱涂刷桥梁。桥梁肯定只会处于纯粹的金属状态。如果你喜欢金门大桥的"国际橙"色调，那么别忘了，它在那儿的背景是每年钢铁锈蚀都会给全世界造成大约 1 万亿美元的经济损失。

最常见的现代涂料和清漆是用合成版本的"亚麻籽油"制成的。事实上，它们中的很多是用亚麻籽油或者其他几种类似的植物油生产的。人们分离出其中的脂肪酸，并加入其他成分。与只是把植物油直接加热相比，这样得到的成分更加可预测。

环氧涂料

比起环氧涂料，你可能更熟悉环氧树脂胶，但二者其实都很常见，而且它们的作用原理相同。（译者注：它们的主要成分都是环氧树脂）在这两种情况下都会有A、B两部分，它们需要在使用时临时进行混合。硬化过程是这两部分之间发生化学反应。因此，防止环氧涂料在罐子里固化的方法是将反应物分开，这样它们就不会发生反应了。

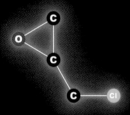

"环氧"这个词来自组成胶水和涂料的化学成分中的环氧基团。环氧化物是一种很"紧"的东西！在化学中，环结构是常见的，最常见的是那些由6个碳原子组成的环。较大的环比较松弛，而越小的环结构会变得越"紧绷"，因为小环迫使化学键之间的角度离它们"希望"的样子越来越远。你能得到的最小的环，当然就是三元环，它们的张力很大，这会让它们具有很高的反应活性。任何含有三元环的物质总是渴望和其他什么东西发生反应来打破那个环。环氧化物就是这样：一个三元环，包含一个氧原子和两个碳原子。这里展示的例子是环氧氯丙烷，它是很多环氧胶与环氧涂料的前体物质。[请注意，虽然名字有点儿相像，但环氧氯丙烷（eichlorohydrin）和《星球大战》里的"纤原体"（midi-chlorians）可没关系，并且也不能给你心灵感应能力。）|

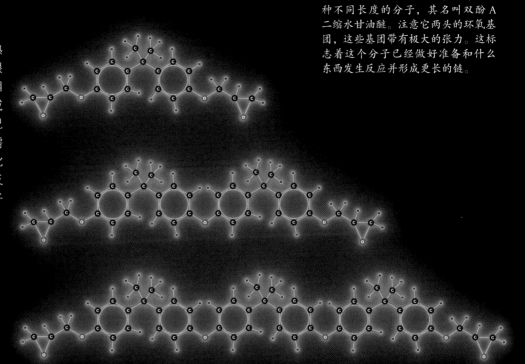

环氧涂料的 A 部分通常含有若干种不同长度的分子，其名叫双酚A二缩水甘油醚。注意它两头的环氧基团，这些基团带有极大的张力。这标志着这个分子已经做好准备和什么东西发生反应并形成更长的链。

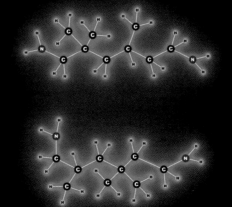

环氧涂料的 B 部分通常含有一些这样的化合物，图中的两个分子分别是三甲基六亚甲基二胺和异佛尔酮二胺。这些化合物的重点不在于它们的名字或者特殊结构，而在于它们分子上所连接的两个氨基基团（-NH₂）。这些基团可以与 A 部分分子的环氧基团发生反应连接起来。

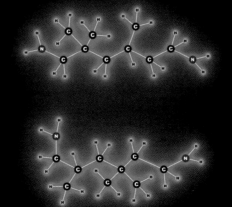（译者注，保留）

当环氧胶硬化时，通常来自 A 部分的环氧基团与 B 部分的胺基进行反应，在两种分子之间形成连接。每个胺基可以与一个、两个甚至三个环氧基团进行反应，这意味着反应既可以形成 A、B 分子交替的长链，又可以形成分支把长链连在一起，从而形成刚性的交联结构。交联越多，最终固化的胶水或涂料就会越坚硬。

由两部分组成的环氧涂料是"涂料之王"。它最昂贵，最难使用，但最终它也是最耐用的一种。不像其他大多数涂料，这种涂料的硬化过程不需要溶剂挥发，也不需要什么空气成分渗透进来触发固化反应。一旦将两部分混合在一起，它们就准备就位，能够彻底固化了。这意味着两件事情：两部分组成的环氧涂料的异味比很多涂料更小，而且无论涂层多薄或多厚，固化速度都一样快。比如说，这里有一些用固化环氧涂料做成的装饰品，它们的厚度超过 2 厘米，但只用几小时就硬化了。（涂料本身是乳白色的，彩色小片用于制造些有趣的图案，它原本是为涂刷车库地板准备的。）

环氧涂料在固化过程中会放热，而热量又会加速反应，所以较厚的层其实会硬化得更快。太厚的时候释放出的热还可能会带来麻烦。比如，留在桶里的环氧涂料可能会热到烫伤你的手指，并且如你所见，它会固化成一坨油漆桶形状的东西。毫无疑问，你没法把这种混好的涂料留着下次用，密封得多么严实都不行。只要你混合了两部分，你就得赶紧使用它。

△ 这种产品跨越了环氧胶与环氧涂料的界限。它是纯粹的环氧树脂，不含任何颜料，干了之后是完美的澄清透明效果。它有点儿像清漆，但和清漆不同的是，它可以涂成任何厚度，因为它能够在整个区域很好地硬化。

我用陈旧开裂的树干做了这张桌子。我需要填平最大有5厘米宽的缝隙，只有透明环氧树脂这种"清漆"能做到这一点。最上面的一层涂料大约有3毫米厚，当然，把大约3.8升环氧树脂倒进木头的裂缝，这也颇花了些钱。但这值了，不是吗？这张桌子的效果相当不错，而且无法用其他任何产品实现。

▽ 当人们花大价钱买下一辆自行车时，它通常会有一个碳纤维车架。纤细的碳纤维是通过环氧树脂固定到一起的，所以基本上可以说你骑在一堆"细丝"和"涂料"上。

观察草的生长

在我的家乡，人们会花费大量的时间来照看草场。这是个几十亿美元的买卖，世界各地许许多多的人都要依赖我们的草呢。夏天，收音机里每天都会播报和草场有关的事情。在那几个特别的日子里，照看草场的人们对天气的讨论总是意犹未尽。

我们甚至有句谚语来描述草每年应该长得多快："独立日（7月4日），草长到膝盖高。"（这事实上是很过时的说法了。感谢人们的细心选育，现在的情况更像是"独立日，草长到你的眼睛那么高"。）

平均来说，对于每个美国公民，组成他身体的碳、氢和氧有很大一部分都来自这种草，这些是由它从空气和水中"固定"下来的。这些草在广阔的中西部平原上蔓延开来。

玉米，又叫玉蜀黍，这种3~5米高的植物是一种中等大小的草。最高的草本植物是竹子，它们能长到50多米高，而且一天就能长高0.3米以上，位居生长最快的生物体之列。

草的生长过程值得一看，但这并不只是因为它们巨大的分布规模、生长速度以及经济上的重要性。哪怕是最微不足道的草坪草，它们体内都有难以想象的复杂工程：正在一个原子接着一个原子地建设着巨大的分子。

我们在上一节里看过干燥的涂料，其中不少就是用植物油制成的。这些油是无生命的东西，在涂料里进行着相当简单的化学反应，而生长中的草凭借稀薄的空气来构建这些化学物质。而且，当构建这些化学物质时，它们也制造着构建这些化学物质所需的机器，以及那些制造新机器所需要的东西，同时保护这些机器，避免发生故障、遭到捕食者破坏以及受到感染。

在一株草的生长过程中所发生的事情，要比发生在汽车制造工厂中的任何事情都更加复杂。它只是太微小，没有计算机模拟的帮助很难看到。

普通的草坪草同时向上和向下生长，从空气中汲取二氧化碳，从降雨中汲取水分，然后将它们融合进纤维素，从而构建起了它们的叶子、茎秆以及根系。但草坪草只是草世界里的小小一员！

这株漂亮的玉米是美国中西部农产品的最佳代表，是在7月20日时由我的摄影师尼克从邻居家的地里"偷"来的。它约3.6米高！遗憾的是，它只有一个"耳朵"（译者注：一个玉米棒子，英文称其为ear），其他很多玉米会有两个或更多的"耳朵"。（声音不要太大，它会对这种事情感到不安，而且它的个头比你还大。）看到了吗？它的叶子几乎位于同一平面内，在茎的两侧交替排列。这意味着玉米植株的生长是有方向的。它们能够有效地收集光线，这取决于它们面向的方向。人们会担心这件事。事实上，一项研究发现，如果在种植时小心地排列每粒种子的方向，那么就可以决定庄稼长成时叶子的朝向。如果整块田地都进行了玉米生长方向控制，那么产量就能增加10%~20%。如果有一台机器能设计成一次性对整块地里的玉米进行排列，那么它的经济性会是巨大的。我可不是在开玩笑，这里的人们把草的生长看得非常重要，而且他们有很好的理由！

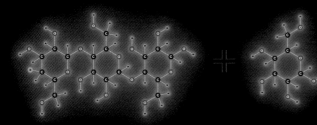
∨ 纤维素链　　　　　∨ 葡萄糖分子　　　　　∨ 更长的纤维素链

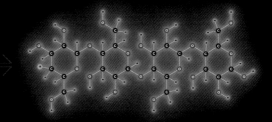

　　正如我们在第2章（参见第48页）中所看到的，植物具有从阳光中捕捉能量并将其转化成化学能的出色能力。

　　植物会用很多它们捕捉到的能量来生长壮大（很多时候是因为它们要与其他植物竞争，看谁能最快地长到最高，并获得最多的阳光）。当植物生长时，它们制造新的细胞、新的叶绿素光捕捉结构，以及用新的纤维素将各部分结合到一起，以此来变得更大。木头、叶子、茎和根，它们主要都是由纤维素组成的。

　　值得注意的是，纤维素是由糖构成的——确切地说，是葡萄糖。葡萄糖是小分子，但若成千上万个小分子连接在一起，结果就得到了巨大的纤维素分子。数以亿计的纤维素分子聚在一起形成了纤细的纤维，数以亿计的纤维又在一起构成了整株植物。

　　这都是通过一个充满蛋白质机器的复杂"工厂"实现的。

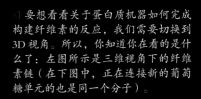

◁ 要想看看关于蛋白质机器如何完成构建纤维素的反应，我们需要切换到3D视角。所以，你知道你在看的是什么了：左图所示是三维视角下的纤维素链（在下图中，正在连接新的葡萄糖单元的也是同一个分子）。

∨ 在植物中，酶负责给生长的纤维素链加上新的葡萄糖单元。这种酶会将每个新的葡萄糖分子与纤维素链对齐，然后引发反应，让它们连到一起。（在第86页可以看到酶在生物体内促进化学反应的相关解释。）

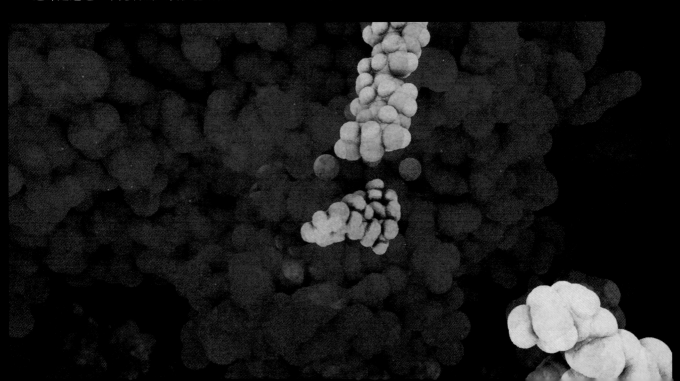

从细胞膜内侧看"玫瑰花"复合体

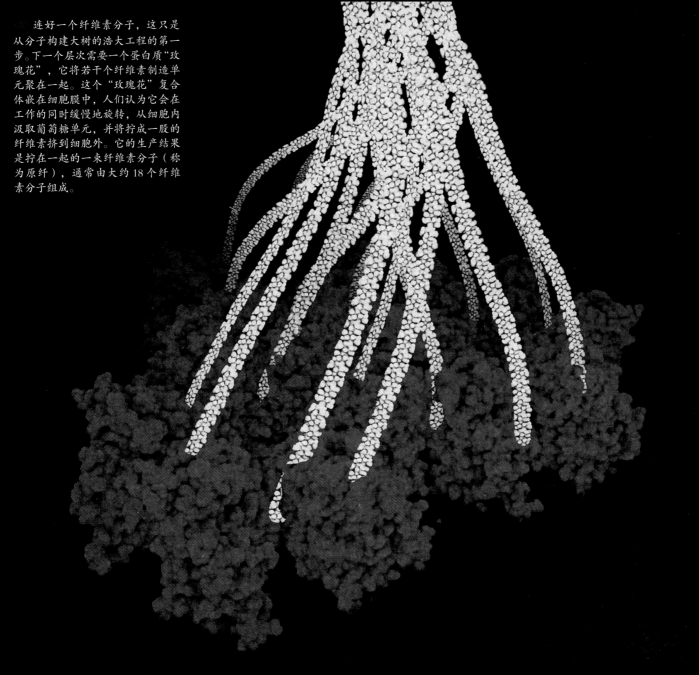

连好一个纤维素分子，这只是从分子构建大树的浩大工程的第一步。下一个层次需要一个蛋白质"玫瑰花"，它将若干个纤维素制造单元聚在一起。这个"玫瑰花"复合体嵌在细胞膜中，人们认为它会在工作的同时缓慢地旋转，从细胞内汲取葡萄糖单元，并将拧成一股的纤维素挤到细胞外。它的生产结果是拧在一起的一束纤维素分子（称为原纤），通常由大约18个纤维素分子组成。

从细胞膜外侧看"玫瑰花"复合体

多个"玫瑰花"复合体同时工作，制造出更粗的纤维束，它们由成百上千个纤维素分子组成（但仍然很细，肉眼无法看到）。在一些植物细胞中，"玫瑰花"复合体其实运行在微小的蛋白质"火车轨道"（译者注：即微管）上。这种"轨道"是目前发现的纳米机器中最卓越的例子之一，它带着复合体，以错综复杂的方式彼此交联。这些轨道的形状决定了最终纤维的"编织"走向。这就是植物纤维能够展现出如此惊人的多样性的原因。我们目前生产人造纤

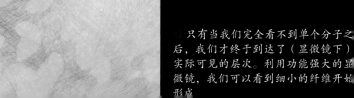

只有当我们完全看不到单个分子之后，我们才终于到达了（显微镜下）实际可见的层次。利用功能强大的显微镜，我们可以看到细小的纤维开始形成

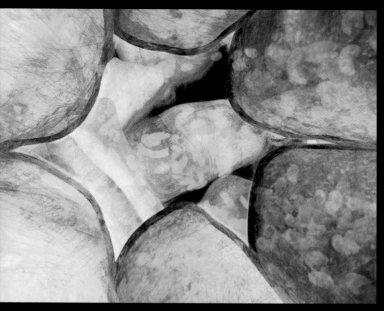

在这个尺度下，我们看到的是几个单独的植物细胞，每个细胞都有坚韧的纤维素细胞壁。用肉眼非常仔细地观察，你差不多已经能够勉强分辨这些细胞了。

构成一片草叶就需要数以百万计的单体细胞。每个细胞上都有数以千计的"玫瑰花"复合体，每一个复合体生产着十几股或者更多的纤维素。把这些数字乘在一起，你就会看到，一片草叶在任何时候都包含数百亿个正在形成的纤维素分子。每个分子每秒大约会连上 10 个新的葡萄糖单元，所以这片草叶中每秒都处理着千亿级别的葡萄糖分子。这只是一片草叶中发生的事。

这里正发生着规模惊人的活动，数量之庞大绝对令人难以置信。数以万亿计的细胞，多到数不过来的分子机器，它们都在辛勤工作，筑起纤维素的帝国，而人类说它很无聊？

没感觉印象深刻？还有另一件事值得我们深思：在这里工作的机器非常高效。只要有大约 10 小时的阳光照射，那些最高效的植物（从技术上说，是某些特定物种的光合细菌）就能捕获足够多的能量，这能供它们复制出整套全新的光能收集设备，并进行所有必要的支撑工作。想象一下，如果你能有块超高效的太阳能板，它几天就能集齐制造一块同样大小的新太阳能板所需的全部能量。这是不可能的！

哦，等等，其实你已经有了一块这样的太阳能板。那就是你的草坪。

竹笋炒一炒相当美味。你可以买到切好装罐的笋或者整个的冷冻竹笋，就像你在这里看到的。

在美国几乎所有的汽水都是用高果糖玉米糖浆调味的，所以，如果你依靠汽水里的热量生活，那么你就是在靠玉米生活，也就是说你的生活离不开草。如果你喝的是蔗糖汽水，那么你也一样是在吃草——甘蔗就是另外一种草本植物。唯一避开草的方法就是喝无糖汽水，至少它对你的健康有利一点儿。

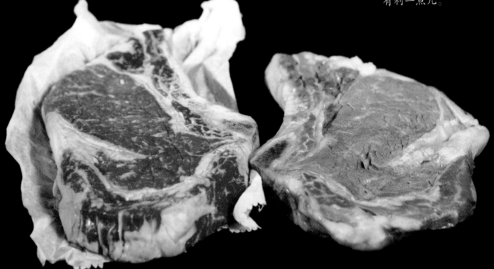

△ 肉牛是用草料或者玉米（同样也是草）饲喂的。所以，你吃牛肉，就意味着你也在间接地吃草。我们可以直接吃玉米，因为我们只吃它的种子，其内含有淀粉、糖和蛋白质，同时也含有纤维素。我们无法像牛那样直接吃草或者吃玉米植株的其他部分，这是因为我们的胃并不能消化组成叶子和茎秆的纤维素，无法发生把它们转化成可用能量的化学反应。牛自身其实也不行，但它们的瘤胃里有共生细菌，可以帮它们完成这件事。

观察水的沸腾

有的时代是用金属、合金和化合物命名的，如铁器时代、青铜时代和石器时代。但唯有水，有两个时代以它命名（冰河时代和蒸汽时代，"冰河"和"蒸汽"都是不同物态的水）。

好吧，或许相对短暂的蒸汽时代并不能算是与冰河时代同一类型的时代，不过它确实是人类历史上重要的一部分。它带来了一些有史以来最为美丽的机械，在两百年后为蒸汽朋克潮流带来灵感，而这一切都建立在沸腾的水的基础上。

液态水转变成蒸汽（水的气态形式，也称为水蒸气）通常不被认为是化学反应，但这绝对是一个化学过程。液态水中的氢键断裂，单个分子脱离组织，在上方的空气中寻找它们的机遇（这被称为蒸发）。令人惊讶的是，人们并不十分清楚这在分子层面具体是怎么发生的。那些最好的计算机模拟对"水究竟如何汽化"这个基本问题给出了矛盾的答案。

但是我们可以说，在任何给定的温度下，在一壶水上总会有一定量的蒸汽。当水比较凉时，"蒸汽压"较低，如果加热，则蒸汽会上升。而沸点的特别之处在于，这个温度下的蒸汽压正好等于周围空气的压强。

接下来，在水面之下蒸汽就可以开始产生，并有足够的力推开水产生气泡。气泡上升到表面，这就是沸腾。

▷ 我们会觉得这些轻飘飘的白雾是蒸汽，不过从科学上说它们其实并不是。我们所看到的是微小的水滴，它们从真正的蒸汽又冷凝回到了液态。（换句话说，如果你能看到它，就说明它实际上已经不再是蒸汽了。）每个小液滴都很小，难以用肉眼观察，但其中包含的水分子的数量是地球上人口数量的大约两倍那么多。

◁ 100 摄氏度下的气态水（蒸汽）。真正的蒸汽是不可见的透明气体。它们一开始在水面下形成气泡，然后上升到水面上释放出来。

◁ 温度稍稍低于100摄氏度的液态水。

◁ 100 摄氏度的液态水。气泡从底部开始上升，因为底部是热量的来源，底部的水比顶部稍微热一点儿。高温的水会上升，水壶里水的温度差从来不会大于零点几摄氏度。

这是一个浸入式便携加热器（热得快），孤单的人可以用它——每次只加热一杯茶。这听起来令人悲伤，但它确实能帮助我们观察蒸汽泡是如何形成的。这样的蒸汽泡只会在温度足够高、能让水的蒸汽压达到外界气压时产生。如果蒸汽压较低，那么任何"试图"形成的泡泡都会被立即压没。一旦温度足够高，压强越过了阈值，气泡就开始产生。一旦气泡达到了一定大小，它就会离开加热器，跑到水面。咕噜咕噜的气泡破裂声宣告是时候再独自喝上一杯热水了。

水热到足以形成蒸汽泡，但这不代表只要这样气泡就真的能够形成。只有周围有了可供气泡形成的"种子"，气泡才会开始形成。它们所需要的只是一点点灰尘，或者壶中一点粗糙的表面。不过当洁净的水在干净、光滑的容器中加热时，有时它可能达到比沸点高出不少的温度，但不形成泡泡。这种过热水可能相当危险，因为最终有什么东西触发它时，大量蒸汽泡会迅速形成。这被称为"暴沸"。如果你的手就在水壶附近，你当然不希望发生暴沸。化学家们常会煮沸高纯度的水，并把它们装在很洁净的玻璃容器里。因此，暴沸是个真正存在的问题，解决方法是在壶中放进一些沸石或者颗粒（通常是用二氧化硅或特氟龙制成的）。它们唯一的作用就是提供粗糙表面，促使气泡在达到水的沸点时赶紧形成。

沸石

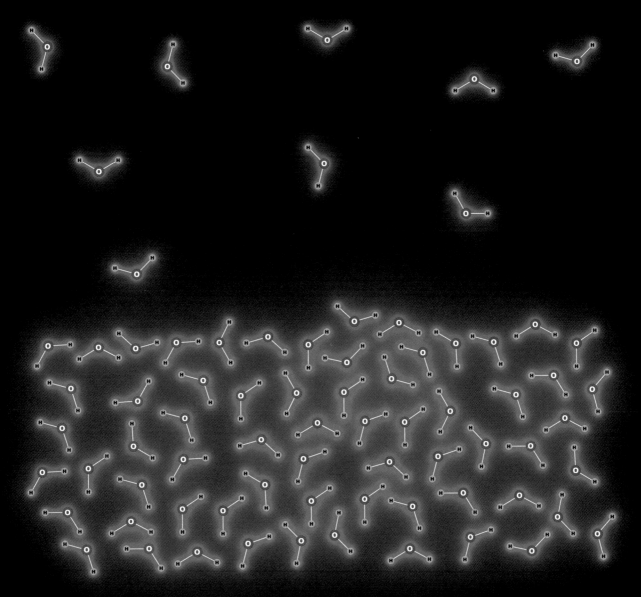

△ 水分子是一种很简单的分子，但水又是非常复杂的液体。邻近的水分子之间会形成氢键（见第 203 页），这种作用使液态水在纳米尺度上有着快速变化的连接结构，其中含有各种分子团簇，一种组合只维持几纳秒。在靠近水面的地方，分子排成更整齐的样子，产生表面张力，这使某些小虫子能够在水面上行走。但氢键的作用依然无法避免随机碰撞，它偶尔会推动一个水分子离开它的朋友们，进入充满氮气和氧气的残酷世界。这就是蒸发。在较高的温度下，分子运动得越来越快，这个过程也出现得越来越频繁。当整个过程失控时，我们就称之为沸腾。

模拟水沸腾过程的一个问题在于，所有的计算结果都显示这个过程需要在比实际观察中高得多的温度下才能发生。把水分子聚在一起的作用力足够大，它们本应该能够保持液态更长时间。一个有趣的理论是（此刻尚未得到证实），分子尺度上的"波浪"在水面聚集了热能，在它们的共同作用下，水分子得以在"波峰"被抛离水面。如果你认为人们已经对世界足够了解，请记住：我们事实上并不知道为什么你不需要等待那么长时间就能看到水开。

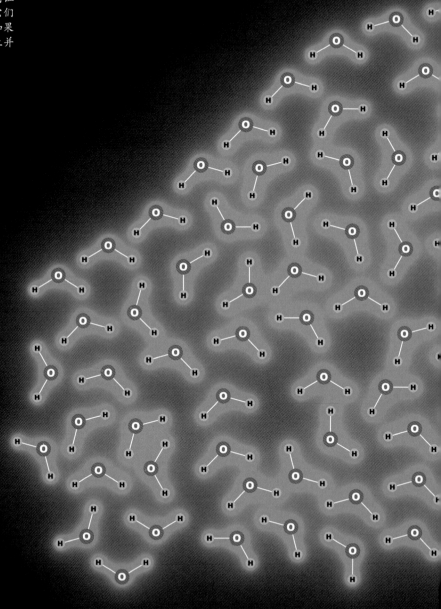

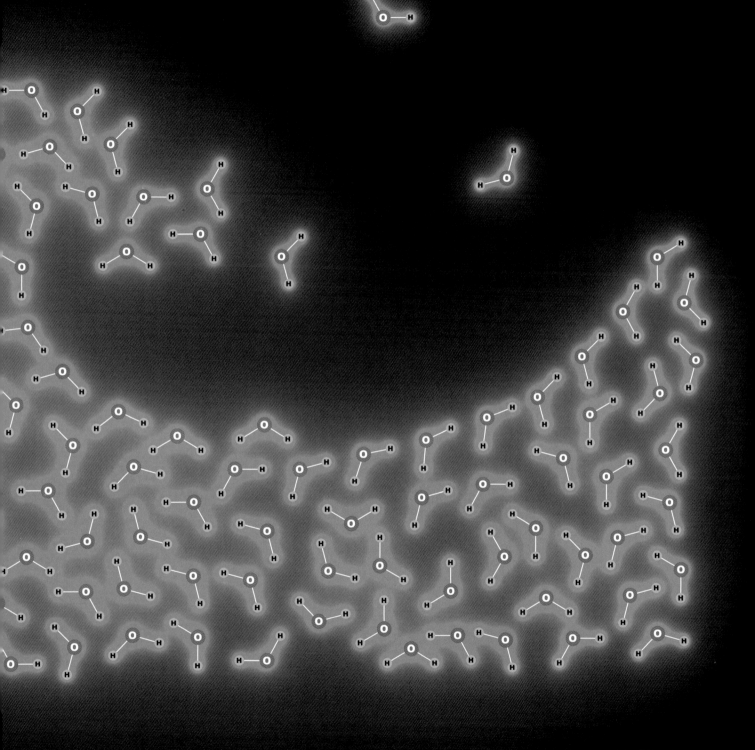

你会经常看到烹饪说明要求在高海拔的地方把东西煮得久一些。这是因为在高海拔地区，大气的压强比较低，所以在较低的温度下，水的蒸汽压就会与气压相等。（换句话说，高海拔下水的沸点比较低。）在较低的温度下，烹饪进行得更慢，所以你需要把食材煮得更久。这种效应是很明显的。在丹佛海拔1.6千米的地方，水的沸点比海拔接近海平面的纽约低了5摄氏度。

在真空罐里，你可以看到这种现象的极致：只要把气压降得足够低，水在室温下就会沸腾。这也是你为什么不希望自己不穿宇航服就暴露在外太空里。在外太空中，你的眼睛和皮肤中的水会很快开始沸腾，这会造成巨大的痛苦。

更热的锅会让水的沸腾更慢吗？有时确实如此。在非常热的平底锅上，水滴能够跑来跑去，维持相当长的一段时间。一层薄薄的蒸汽使水滴保持悬浮状态，并将它与热源隔开。在稍低一些的温度下，没有足够多的蒸汽隔开液滴与锅底，这时液滴接触到锅底就会非常迅速地汽化。这种液滴悬浮、四处游荡的情况被称为莱顿弗罗斯特现象。

我的手不是在开水里，而是浸入了冷到令人难以置信的沸腾的液氮里。我的手被同样的莱顿弗罗斯特现象保护着免于冻伤，这和防止水滴与热锅接触的现象一样。这里，液氮扮演着上文中水的角色，而我的手相当于那个烧热的平底锅。液氮的沸点是零下 195.79 摄氏度，我的手相对它而言就像一根烧红的拨火棍

"阿波罗11号"的这组发射画面是用16毫米胶片机以500帧/秒的速度在非常近的位置拍摄的，展现了发射台39A的喷水降温系统，在峰值时它每秒能向发射台喷射大约3 150千克水，这可以保护发射台承受高温。5个F1火箭发动机每秒就会烧掉4 536千克燃料，所有这些都直接指向发射台。这里喷上去的水绝大部分几乎在瞬时就沸腾变成蒸汽了，你无法看到它们，因为蒸汽是透明的、不可见的气体。只有等到火箭升空之后，你才能看到这片区域究竟有多少水。

火箭刚刚开始升空，火箭发动机即将离开发射台顶部。

1. 巨大的热量！你看到的是有史以来最强劲的装置——"土星5号"火箭马力全开时的样子。

2. 每秒有数吨水被倾倒在这里。你无法看到它们，因为它们在瞬间就变成了蒸汽。

3. 现在火箭离发射台更远了，你可以开始看到一部分水，同时固定臂上的保护层被烧掉。

4. 固定臂被烧成了黑色（按计划就应如此，这是为了保护里面的金属），并且水开始显现。

5. 片刻之后，火箭离开了，而水仍在不断涌入，在昂贵的结构经历火的考验之后为其降温。

6. 在30秒镜头的结尾，你可以看到这里究竟有多少水是你之前没有看到的。

△ 像这样隆隆作响的大家伙是旧时代的遗留物，那时的机器吞吐着蒸汽，就像所有真正的机械应有的样子。在纯机械方面，蒸汽时代是无与伦比的，那时的机器不像今天的机器，你可以看到其中所有的重要部件，并且容易理解它们是如何工作的。我们现在不再使用这些美丽的机械，唯一的理由是它们的性能确实不是很好。这个100吨重、公共汽车大小的机械怪物的动力还不如现在的小型车强劲。

△ 锅炉爆炸可不是好玩的事情。多亏监控摄像头，这类事故被记录下了很多次。事故造成的损失有时非常严重，导致多人死亡，整栋建筑被毁。蒸汽的力量绝对不可小觑。

蒸汽时代的机械是如此优美，以至于在 150 年后它们依然给时尚的小饰品设计带来了灵感。这种风格被称为蒸汽朋克，这让我感觉很烦，因为这些人做的东西没有一件真的能运作。它们就像美丽的乐器，按键却被焊死，琴弦也是用石膏做成的。只是看着它们都觉得难受。

幸运的是，也有另外一群人热衷于让真正的蒸汽动力老机械保持运转，就仿佛它们是新的一样。假如我退休了，我希望把这作为爱好。嘿，现在这一章结束了，我离这个目标又近了一步！

6

对速度的需求

　　化学反应就是某种物质变成另一种物质的过程，它必然随着时间的推移而发生。发生反应的时间跨度非常神奇：从如地质时代那么漫长的长眠到一眨眼的短暂瞬间，抑或斗转星移、沧海桑田。

　　这种速度上的差异真的非常惊人。本章中介绍的化学反应的速度涵盖了25个以上的数量级，也就是速度要快上10倍，再快上10倍，然后又快10倍……如此重复25次。总体而言，本章所描述的最快的化学反应的速度是最慢的化学反应的10 000 000 000 000 000 000 000 000倍之多。

　　除了在极度寒冷的深空之中以及远离任何恒星的行星上，分子总是在飞快地运动。即使这些分子在参与需要数个世纪才能完成的化学反应过程，每个单独的分子依然是在快速地运动。所以，我们要回答的第一个问题就是：化学反应的速度怎么才会慢下来呢？

　　我会慢慢地解释这个问题。从字面意义上说，太空之中、地球深处都可能有更慢的事情发生，但我更喜欢那些看得见、摸得着的东西。所以，在这一章里，我打算从地球上能看得到的最慢的化学反应开始介绍，那就是风化。

风 化

风化和侵蚀这两个术语指的是两件不同的事情。侵蚀是指机械地将岩石破碎成砂子，或者冲刷掉岩石上的砂子和泥土。它是由风、雨、冰或水流的力量所造成的现象。例如，科罗拉多大峡谷就是由狂风、暴雨和科罗拉多河侵蚀掉那些坚固的岩石而形成的。随着时间的流逝，侵蚀的力量是相当强大的。不过，这并不是本书要介绍的内容。

而另一方面呢，风化则是一个化学反应的过程，恰好就在本书的讨论范围之中。很多风化现象是通过水与二氧化碳（CO_2）的共同作用而发生的，所以，我们就来看看这些化学物质是如何彼此发生作用的。

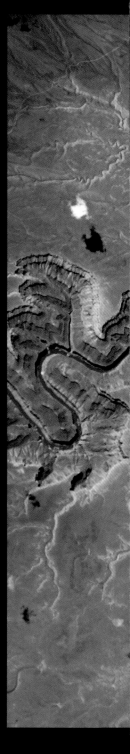

△ 这个地球上最缓慢的化学反应自然涉及地球上最古老的东西：山峰，以及那些曾经是山脉的丘陵，那些曾经是丘陵的平原，还有那些曾经是平原的峡谷。我喜欢这座特别的山，因为我的孩子们曾经在这座山上玩过，而和这座山不同的是，他们如今已经长大了、变样了。在我和我的孩子们生长、变老的时间里，这座山的改变却微乎其微。虽然冰川已经几乎消失了，但岩石依然屹立不动。然而，山丘其实也在慢慢地变老，悄悄地改变，只不过这需要更漫长的时间而已。

△ 我曾经在阿尔卑斯山上游览，然后我的孩子们也去过那里，而阿尔卑斯山如今依然是那样棱角分明、陡峭挺拔。随着时间的流逝，这座山也会和我们一样变得圆润起来，在人们的眼里显得更加柔美、更加安稳。经过过去 10 亿年或者更长时间的洗礼，这座世界上最古老的山脉之一变成了今天的这般模样。

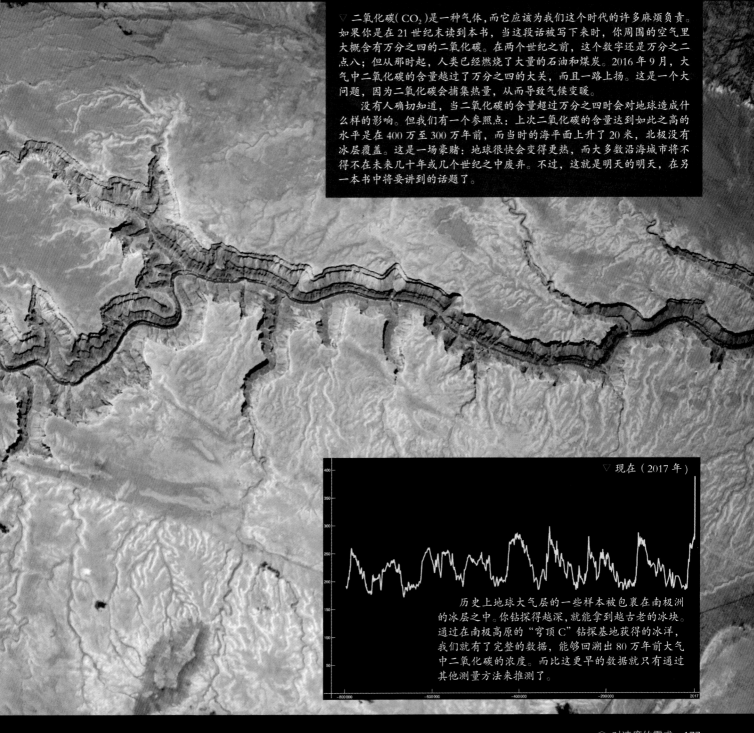

▽ 二氧化碳（CO_2）是一种气体，而它应该为我们这个时代的许多麻烦负责。如果你是在 21 世纪末读到本书，当这段话被写下来时，你周围的空气里大概含有万分之四的二氧化碳。在两个世纪之前，这个数字还是万分之二点八；但从那时起，人类已经燃烧了大量的石油和煤炭。2016 年 9 月，大气中二氧化碳的含量越过了万分之四的大关，而且一路上扬。这是一个大问题，因为二氧化碳会捕集热量，从而导致气候变暖。

没有人确切知道，当二氧化碳的含量超过万分之四时会对地球造成什么样的影响。但我们有一个参照点：上次二氧化碳的含量达到如此之高的水平是在 400 万至 300 万年前，而当时的海平面上升了 20 米，北极没有冰层覆盖。这是一场豪赌：地球很快会变得更热，而大多数沿海城市将不得不在未来几十年或几个世纪之中废弃。不过，这就是明天的明天，在另一本书中将要讲到的话题了。

▽ 现在（2017 年）

历史上地球大气层的一些样本被包裹在南极洲的冰层之中。你钻探得越深，就能拿到越古老的冰块。通过在南极高原的"穹顶 C"钻探基地获得的冰洋，我们就有了完整的数据，能够回溯出 80 万年前大气中二氧化碳的浓度。而比这更早的数据就只有通过其他测量方法来推测了。

碳酸饮料中的气泡是由逃出来的二氧化碳制造的。当用压力迫使二氧化碳溶入水中时，一些二氧化碳就会和水分子结合，然后立即抛出一个氢原子。所得到的这种产物叫作碳酸：溶解于水的碳酸氢根离子（HCO_3^-）和氢离子（H^+）。氢离子的存在让这种物质被界定为"酸"，它有助于让饮料产生特殊的口感。

该反应是很容易反过来进行的：氢离子和碳酸氢根离子也可以结合起来，分解出一个水分子，放出一个二氧化碳分子。当二氧化碳分子积累得足够多之后，它们就会形成一个个气泡从液体里逃逸出来。

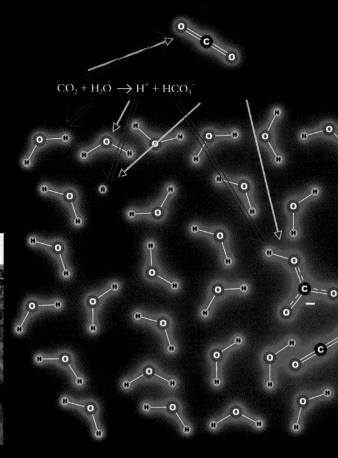

$$CO_2 + H_2O \longrightarrow H^+ + HCO_3^-$$

△ 石灰岩是由碳酸钙（$CaCO_3$）组成的，这种晶体是由碳酸根离子（CO_3^{2-}）和钙离子（Ca^{2+}）结合而产生的。雨水中含有的碳酸虽然很少，但也足以和石灰岩发生缓慢的化学反应，非常缓慢地把碳酸根离子（CO_3^{2-}）转变为碳酸氢根离子（HCO_3^-）。在这个反应之后，水中就没有足够的氢离子了，不能把碳酸氢根离子再转化成二氧化碳并让其逃逸出去了。因此，碳和钙都被固在水中，最终流入海洋。这样，整个山脉都慢慢被溶解、冲走了。

▽ 这里总是存在一个平衡关系。在溶解于水的二氧化碳（其中一些已经形成了碳酸）和大气中的二氧化碳气体之间，碳酸把二氧化碳释放到空气之中，而纯净的水则会从空气中吸收少量的二氧化碳，因此，任何暴露在空气中的纯净水（包括雨水）都会因为碳酸的存在而略显酸性。

▽ 现在，我们从这个问题开始思考：为什么化学反应会这么慢，为什么这个过程需要数百万年之久。想象一下：带有微弱酸性的雨水浸湿了岩石的表面。在这些表面上，钙离子正被它附近的碳酸根离子强烈地吸引。岩石之所以坚硬，是因为原子之间的离子键（相互吸引的力）很强。因此，氢离子只有打破这种安稳的联结，才能发生反应。同时，在一滴典型的雨水中，大概每100万个粒子（译者注：即水分子）中只有一个氢离子，所以你可以想象，需要一段很长的时间才会有一个单独的钙离子或碳酸根离子被从岩石上冲刷下来，开始它的海洋之旅。

正如我们在第84页所做的比喻那样，一些化学反应就像朝着锁孔扔钥匙，希望其中的一把碰巧能把锁打开。雨点落在山岩上就是一个非常贴切的例子，一些锁恰好被触动了弹簧，把离子释放到水中，但这需要一些时间。

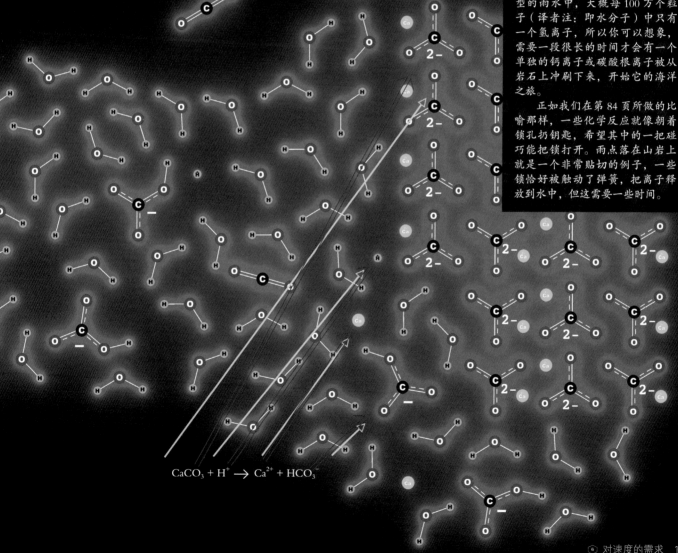

$$CaCO_3 + H^+ \longrightarrow Ca^{2+} + HCO_3^-$$

雨水会吸收空气中的二氧化碳，所以，任何裸露在雨中的石灰岩都总是会被侵蚀。事情总归会是这样，我们并没什么好自责的。但是，在我们的城市之中，当雨水从空气中吸收了氮氧化物、二氧化硫之后，会形成硫酸、硝酸，对于石灰岩的侵蚀速度就被极大地加快了。这基本上就是我们应该背的锅了。这些氧化物中的很大一部分来自我们人类的制造厂、发电厂和汽车。这些地方所制造出来的酸雨侵蚀了雕塑、建筑、墓碑，以及其他所有用石灰岩制造的东西，其速度比在自然条件下要快得多。

一旦被冲刷进海洋，这些碳酸氢根离子就会被海洋生物所吸收，并用它们来制造贝壳——主要成分是碳酸钙。贝壳和那些被冲刷下碳酸氢根的石灰岩实际上是由同样的物质组成的。

那么，石灰岩最初又是从何而来的呢？它们来自海洋生物的外壳，这些贝壳静静地躺在海底达数百万年之久，直到经过巨大的地壳变化被抬升成为山脉，并随着地球板块一起漂移、重构。

贝壳来自山脉，而山脉也是由贝壳堆积而成的。

这个循环被称为慢碳循环，是这个世界上最宏伟、最缓慢的循环之一。由山向海，再从海洋回到高山，进行一次彻底的改变大概需要两亿年时间。延绵不断的石灰岩中保存了世界上的大部分碳元素，一遍一遍地经历这种循环，周而复始。

单独的一个碳原子在数百年的时间内，会作为孕育生机、风云激荡的大气的一部分，或者存在于浩瀚的海洋中，也可能停留在各种奇特的海洋生物的那些色彩斑斓的贝壳里。然后，它又回到了幽深的海底，在那儿沉睡数百万年甚至更长时间；再然后，会被深埋于地下；最后，它又会被高高地推出水面，重新开启一段短暂的、阳光下的旅程。

石灰岩的化学侵蚀是自然界中几种最重要的侵蚀形式之一，这不仅因为它改变了大地的风貌，还因为它在控制大气里的二氧化碳浓度的循环中起到了关键作用。从长期来说，岩石和海洋决定了所有碳元素的命运。但是，正所谓"从长远来说，我们都死了"（编者注：经济学家凯恩斯的话，意指经济关注长期问题没意义），从短期来看，在不到1万年的时间里，我们人类决定了空气中二氧化碳含量的高低。

在一个极端条件的测试中，这个用石灰岩做的小雕塑被浸泡在高浓度的酸性溶液中，才短短的几分钟时间，它就被侵蚀到了可悲的状态。很显然，这种状况并不会存在于一个疯狂的科学家的独居之处，但我只是把它作为一个例子来展示，也就是所谓的加速寿命测试。（好吧，从技术上说，我这么做是为了看看会发生什么。而我把这个实验作为一个借口，就是为了让我可以把这个雕塑的照片放在我的书里。）

在速度尺度上稍微增大一点点，普通的生锈现象也是一种化学侵蚀方式。但这个过程发生得太快了，所以你在自然界中几乎看不到它的发生。倘若世界上真的有一座铁山（真正由金属铁构成的山丘），它也早就生锈了。这不仅是因为生锈的速度非常快，也是因为并不存在一个自然的过程能够将氧化铁重新变回金属状态的铁。

生锈是氧化反应的一个例子。铁和氧气发生反应，形成铁的氧化物。当氧化过程迅速发生并放出大量的热时，我们就给了它另一个名称——燃烧。当木头或其他别的有机物燃烧时，就会产生碳的氧化物（确切地说，几乎都是二氧化碳，这里的"二"表示一个碳原子结合了两个氧原子）。一个有趣的事实是：铁同样可以被迅速地氧化，速度堪比燃烧。

自然界中可能不会有很多生锈的事情发生，但非自然环境中有很多物体锈蚀的事情发生。你看，这个现象折磨着所有易锈蚀的人造物：桥梁、汽车、栏杆，以及其他难以计数的东西。我们徒劳而乐观地用钢铁来制造这些东西，将它们摆在路边和我们的后院里。在那里，这些东西都不可避免会生锈。用阿罗·格斯里（Arlo Guthrie，1947— ，美国民谣歌手、作者）那句不朽的话"生锈的汽车之墓"来说，它们是我们土地上的一个固定的景观，而我们又非常善于忘记这些东西的寿命是多么短暂。

什么是加速寿命测试呢？假设你是一个造椅子的厂商，你想知道你的椅子够不够结实，能不能在顾客家里使用20年。然而，你并不想等上20年才知道答案。所以，你造了一台机器，模拟某个人在椅子上坐下、起身的动作，来测试20年内每天在这把椅子上坐、起3次的情况。这台机器每分钟就能完成3次坐、起动作，所以它在半个月内就完成了对20年使用状况的模拟测试。

同样，如果你想预测石灰岩暴露在酸性环境中几年甚至几个世纪后的样子，但你并不想等到你的曾孙出生时才知道答案，那么你就可以用更强的酸来做实验，以推测结果。当然，请务必小心，确保你理解了酸的浓度对反应速度的影响。如果你的酸的强度提高1倍，那么侵蚀的速度是原来的2倍还是4倍？是否存在一个酸的浓度下限，低于这个浓度时，侵蚀就不会发生？这些问题实际上都有答案，弄清它们，你就可以根据这个测试对侵蚀做出精确的长期预测。

3 O_2

2 Fe_2O_3

在自然界里，你能看到铁的锈蚀现象，它就发生在几乎完全是由铁构成的陨石坠落在地球上之后。它们持续存在的时间可以和山丘一样长，但通常在几个世纪之后就完全被锈蚀了，直到变成埋在泥土中的红色污迹。当然，这还取决于这块陨石有多大，其中含有多少镍元素，以及它位于什么样的气候和环境里。

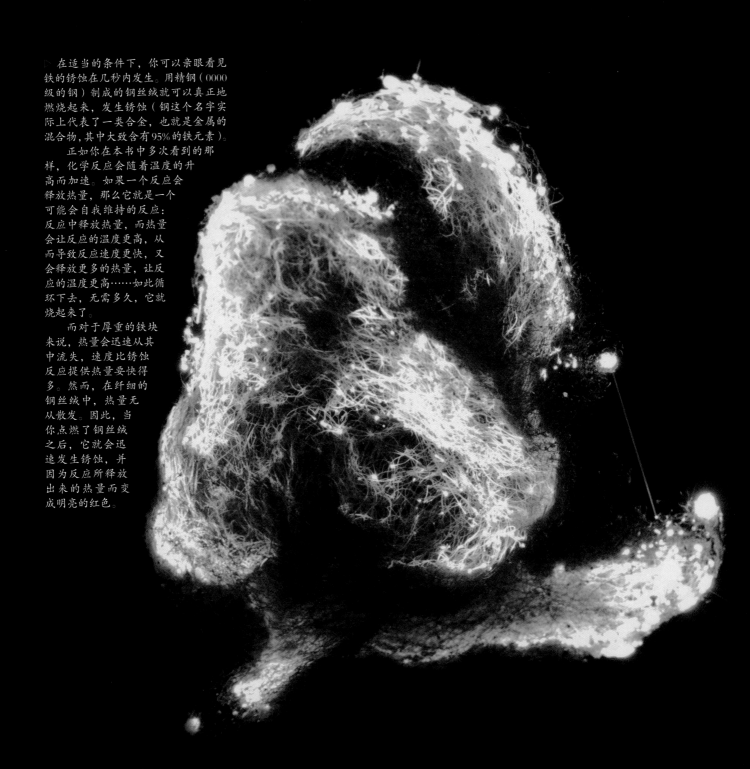

在适当的条件下，你可以亲眼看见铁的锈蚀在几秒内发生。用精钢（0000级的钢）制成的钢丝绒就可以真正地燃烧起来，发生锈蚀（钢这个名字实际上代表了一类合金，也就是金属的混合物，其中大致含有95%的铁元素）。

正如你在本书中多次看到的那样，化学反应会随着温度的升高而加速。如果一个反应会释放热量，那么它就是一个可能会自我维持的反应：反应中释放热量，而热量会让反应的温度更高，从而导致反应速度更快，又会释放更多的热量，让反应的温度更高……如此循环下去，无需多久，它就烧起来了。

而对于厚重的铁块来说，热量会迅速从其中流失，速度比锈蚀反应提供热量要快得多。然而，在纤细的钢丝绒中，热量无从散失。因此，当你点燃了钢丝绒之后，它就会迅速发生锈蚀，并因为反应所释放出来的热量而变成明亮的红色。

△ 最早拍照时的闪光灯使用了细腻的镁粉。这里我用一把泡泡枪把少量的镁粉吹到火焰中，以演示这种金属的使用方法。（呃，这里用到了牛仔的装束，可能有点儿意思？）

从缓慢的化学反应开始介绍之后，在这个问题上，我们已经准备好在化学反应速度的问题上来一个突破，也就是看看火灾爆发的速度。

◁ 镁，作为一种能够燃烧的金属而广受欢迎。它会锈蚀，或者说会被氧化，同时产生明亮的白色火焰。有数不清的化学老师曾在全班学生的面前点燃一小根镁条，展示它那怪异、明亮、令人不安的火焰。

火

火，哈哈，点燃了多少科学家对化学的兴趣。仅仅观察这个世界，甚至观察其中的一小部分——燃烧，就非常有趣。

所有被定义为"火"的化学反应都有一些共同的要素：涉及燃料（比如说木头、羊毛、煤炭甚至金属等）以及一种特别的元素——氧。氧是火焰中最为重要的那个因素，无论燃烧的是森林中的参天大树还是汽车发动机里的一滴汽油。我们花了如此多的时间来谈论燃料，只是因为在不同的例子中燃料是多种多样的。

而我们认为在燃烧中氧气是理所当然要有的（它在燃烧中充当助燃剂），则是因为我们总是假定它存在于那里。

能否获得氧气，决定了燃烧的效率和持续的时间。没有氧气，就没有火焰。氧气不足，火就萎靡；氧气充足，火就旺盛。

地球上的整个生命之树都取决于空气中的氧气含量。现在，空气中的20%是氧气（O_2）。如果氧气的含量比这个数值低，哺乳动物（包括我们）都将无法存活。我们的能量代谢速度很高，依赖氧气的参与，就像火焰一样。（关于我们的身体为什么像火焰一样需要氧气的解释，请参见第104页。）

我们需要空气中有足够的氧气，但如果氧气含量太高，也会给我们带来各种各样的麻烦。

空气中的大部分气体是氮气而不是氧气，氮气的含量接近80%。这一点非常重要，因为倘若不是这样，就会有很大的问题。氮气几乎不会参与任何反应，除非是在少数非常特殊的情况下。值得一提的是，氮气不会参与由空气中的氧气促成的燃烧。氮气几乎完全是惰性的，只会将燃烧的物体冷却下来。它减慢了每种依赖空气进行的燃烧。

在超过1小时的时间里，木炭缓慢地、平静地燃烧。而如果把纯氧吹过去，火焰就会立即活跃起来，噼啪作响，火星四溅。在持续的氧气流的作用下，一块煤炭不到1分钟就会消失。

干草正在熊熊地燃烧。这只是我后院里的几亩草地而已，但看起来就像世界末日时的景象一般壮观。当整个森林着火时，那真的令人心惊胆战。不过，这种地球上最大的火无法和它们可能的样子相提并论——如果不是因为空气中有接近80%的氮气是不支持燃烧的话。倘若空气中的氧气含量比现在更高，地球上就不会有森林了。（滑稽的是，正是绿色植物向空气中释放氧气，从而保持现在大气中的氧气浓度。）

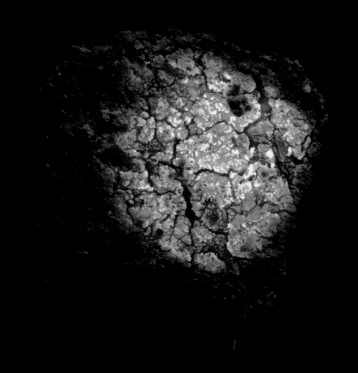

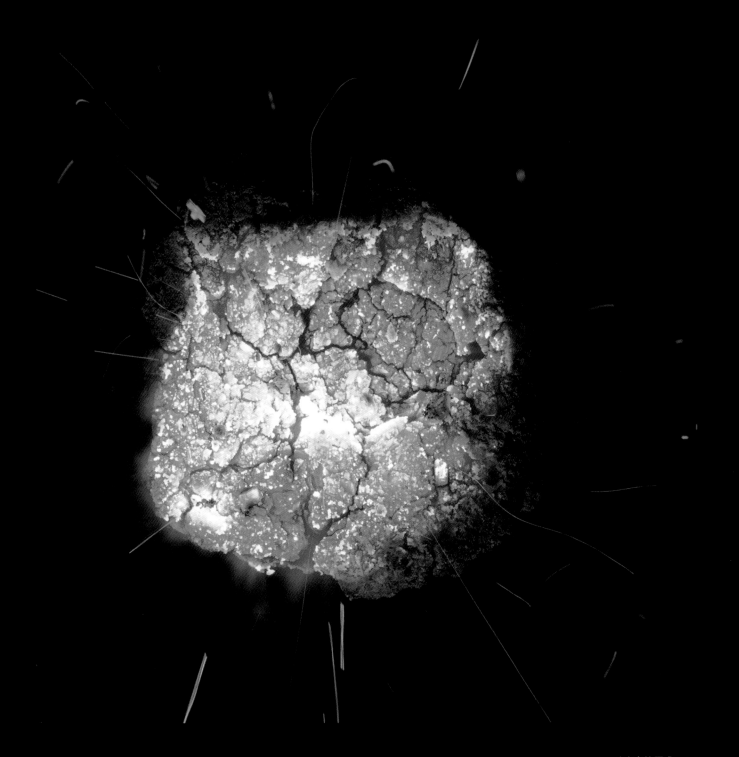

木炭粉末掉进了盛有纯氧的容器里，爆裂出令人赏心悦目的火花。

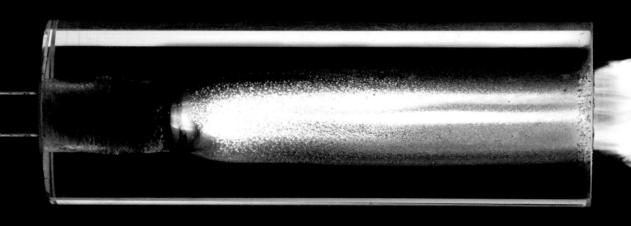

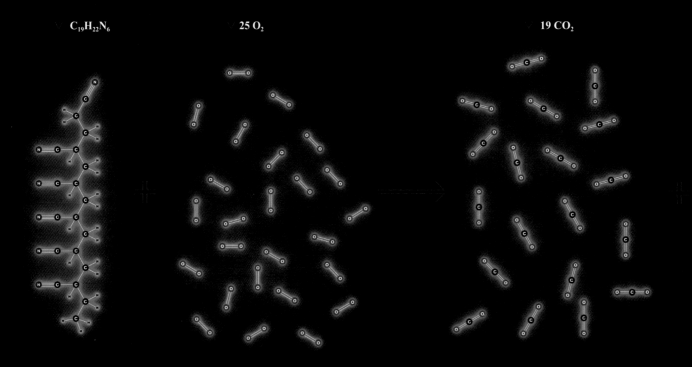

$C_{19}H_{22}N_6$ $25\ O_2$ $19\ CO_2$

纯度为 20% 的氧气和 100% 的纯氧究竟有多大的差别？在普通的空气中，透明的丙烯塑料不会燃烧得很彻底。你即使用火焰对着它进行灼烧，也只能烧掉一点点。然而，如果有稳定的纯氧气流支持，这个被挖空的丙烯塑料圆柱就会像火箭燃料一样剧烈燃烧。呃，我说的是字面意义上的相似，因为这是一个火箭发动机模型。当它燃烧时，你可以看到它的内部，因为这个模型是由透明的丙烯塑料制作而成的。真正的火箭应该是用金属外壳来包容燃料的，但在一些火箭发动机的设计中，燃料基本上就是塑料或橡胶的形式。燃料的量比用来烧掉它们所需的压缩氧气的量要少得多。

11 H₂O   **3 N₂**

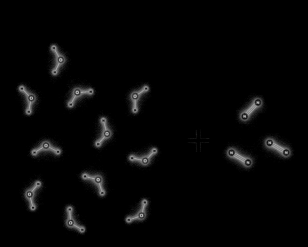

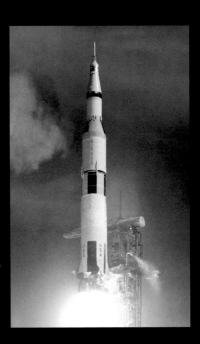

"土星 5 号"火箭使用的是内燃机燃料（从技术上说，使用的是纯化精制过的煤油，它比柴油昂贵得多，但实际上区别不大），这是一种能把我们带到月球上的机器。赋予它到达月球的能量的并不是什么特殊燃料，事实上那不过是在液态纯氧中燃烧的普通煤油。一个有趣的事实是：该火箭里有 5 个洛克达因 F-1 型发动机（译者注：洛克达因是一家美国公司，专门从事液体火箭发动机研制），每个发动机里有一个功率为 3 728 千瓦的燃气轮机。而燃料泵的工作就是把燃料和液氧送去参与做功。F-1 型发动机是人类有史以来所制造过的最强大的发动机。在该火箭中，5 个这样的发动机加在一起，每秒就会烧掉 15 立方米的液态氧气和煤油，并且输出 3 353 万牛的推力。

编者注：此处为一个复杂反应的简化描述，方程两边未严格配平。

火是狂野的，而燃烧是一个动态过程。它只能迅速进行，因为它依赖一闭环的反馈机制：燃烧放出的热量正是维持燃烧所需的东西。

特工007使用发胶和打火机杀死了某个邪恶天才豢养的一条致命的毒蛇。自从我在007系列电影中看到过这个桥段，我就很想亲自去尝试一下。不过，并没有人想要杀死我，我做这件事只是为了拍照，并用它来说明火是如何在这场耐力赛中保持它自己的存在的。

和其他的许多电影特技不同，这个实验做起来时效果真的就跟它的广告完全一样。制造商们曾经做过许多尝试，希望让发胶不那么易燃，变得更加安全（对于那些与惧怕蛇类相比更惧怕火的危险的人来说，是这样的），但用发胶来表现易燃性很棒。罐装的乙醚喷雾器被当作汽车启动剂出售，它必须非常易燃，因为它存在的全部理由就是易燃。虽然它不能在发动机的汽缸里点火，却能够迅速地被发动机汽缸中的火花所点燃。

▷ 不消说，千万不要随意尝试这个实验，除非你已经准备好承受它的后果了。这个演示实验可以轻易地把火焰喷到对面墙上，哪怕这是一个很大的房间；火焰也可能会闪回，将你烧伤。

▽ 冷启动时，从喷嘴喷出的乙醚。

▽ 火焰所放出的热量在与较冷的燃气流抗争。

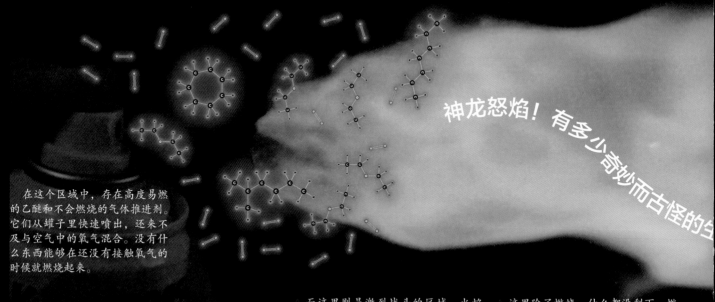

神龙怒焰！有多少奇妙而古怪的生

在这个区域中，存在高度易燃的乙醚和不会燃烧的气体推进剂。它们从罐子里快速喷出，还来不及与空气中的氧气混合。没有什么东西能够在还没有接触氧气的时候就燃烧起来。

△ 而这里则是激烈战斗的区域。火焰发出的热量正努力点燃向右边喷出的燃料，但燃料的温度较低，流动速度又很快。前线正在进行激烈的拉锯战，因为随机的湍流造成了不同的平衡点。火焰被"吹熄"，那是因为燃料和空气的移动速度太快，火焰的热量来不及将它们加热，无法让这个反应持续进行。

△ 这里除了燃烧，什么都没剩下。燃料和空气混合起来剧烈地燃烧，结果是毫无疑问的。

大多数依赖空气中的氧气而产生的火焰总是很接近熄灭状态。空气中含有近80%的氮气，这就意味着即便高度易燃的气体（比如甲烷、丙烷）也只能勉强地保持燃烧。汉弗莱·戴维（1778—1829，英国化学家和发明家）在1815年的一项著名发明表明可以利用这一事实来让煤矿工人的工作环境更安全（至少比瓦斯爆炸安全一些）。他发现，哪怕只用很细的金属丝网，也能够阻止爆炸性气体在巷道中爆炸。

这些火焰烧过之后剩下的就是二氧化碳、水、一些随机产生的未燃烧或部分燃烧的燃料分子，以及大量的热量。反应留下的这些产物会让这个小区域内变得非常热。（这就是为什么你可以用这个反应来追杀那条有致命危险的毒蛇。）

▽ 氧气，以及更多的氮气和剩余的燃料，在火焰狂暴的旋涡中混合起来。

▷ 火焰中化学物质的组成特别复杂。即便是一团很简单的火焰，我们也已经从中检测出数百种存在时间很短的化合物，并对其加以研究。

诞生于火焰之中哦。

戴维灯（右侧图中）将油灯的火焰包裹在金属丝网制成的圆筒里（就像蚊帐那样）。当它周围的空气之中已经充满了由氧气和甲烷（这种气体可能在煤矿中不幸地聚集起来）组成的爆炸性气体时，油灯的火焰就会点燃金属丝网筒内的混合气体，在火焰周围产生一个明亮的光环。但是，这种火焰不会穿透网筒，即使它上面有成千上万个小孔。这是因为小孔边上的金属丝会让火焰冷却，虽然效果轻微，但已经足以扑灭任何企图穿过小孔的火焰。

空气中的火焰看起来很凶猛，但实际上很微妙，而且还有一个巨大的制约性因素——它们的燃烧速度取决于氧气的供应。为了提高火焰燃烧的速度，需要让供应的氧气更靠近燃料。

迅猛的火

要让火焰烧得更快，第一步就是增加氧气供应。我们在前文塑料火箭的燃烧中已经看到了这一点。不过，那种火焰依然是受限的，会被燃料与氧气汇集、混合的速度所限制。如果要让火焰真的燃烧得飞快，你就必须预先把燃料和氧气混合起来。

期望中的燃烧和猛烈的爆炸之间的唯一区别就是速度。在世界上的很多地方，丙烷都被用于取暖和烹饪，同时这种气体也能炸得山崩地裂。这就把这个问题展现得非常清楚了。

△ 在丙烷被点燃之前，它被允许和空气预先混合，得到的是一团温暖的烹饪用火。在这个反应里，通过控制混合气体中燃料与空气的比例，就能限制这个燃烧反应的速度。

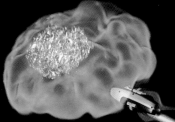

△ 在此之前（见第 72 页），我们已经看到，如果点燃充满纯氢的泡泡与点燃充满氢气和氧气混合物的泡泡有什么差别。预混合的泡泡并不会燃烧，而是爆裂开来。与燃烧着的泡泡相比，爆裂的泡泡并没有释放出更多的能量。爆裂这个泡泡，仅仅是因为反应发生得更快而已。

▷ 硝酸钾，俗称硝石，其在效力上可以看作固态的氧（并不是纯氧，但足够接近了）。在一个标准大气压下，每一单位体积的硝酸钾能够为燃烧或爆炸提供 700 单位体积以上的氧气（如果折算成空气，则是 3 600 单位体积）。

正如我们在前文中看到的那样，如果你把硝酸钾和任何可燃物质混合起来，结果就会让它变得更加易燃。把它和锯末混合，你就得到了公路上用的烟花。如果你把它和纸张混合，你就会得到一张疯狂燃烧的纸。把它和木炭、硫黄混合，就能得到黑火药（见第 15 页和第 193 页）。

丙烷是一种密度较大、扩散较慢的气体，总是会在房间里较低的地方聚集，并和空气混合。当混合气体遇到明火时，结果就是迅雷般的猛烈爆炸，墙倒屋塌。这个反应之所以产生了爆炸而不是温暖的火苗，就是因为燃料的分子紧挨着氧气的分子，静静地等待必需的热量，随时准备引发反应。

▷ 气体爆炸是如此强劲，但对它的一个限制是：当氧以气态的形式存在时，你能够往一个狭小的空间内灌入多少氧气呢？图中这种看似人畜无害、方便易得的粉末就能够把这件事提升到一个全新的层面上。

不同火药燃烧速度的差别巨大：从导火索那样缓慢燃烧的火药（你走路的速度都比它快），到引爆后推动子弹的火药（能让子弹以300米/秒甚至更快的速度飞出枪膛）。为什么同样的物质燃烧的速度却可以有如此大的差别呢？

△ 正如我们已经看到的那样，火药是一种混合物，包括硫黄（含硫元素）、硝石（硝酸钾，KNO_3）和木炭（大部分是碳元素，还有少量的氢元素）。这是一种简单而古老的混合物，历经了上千年的时间，依然是目前应用最广泛的炸药，常用在烟花爆竹和枪弹之中。它简单、便宜，用途广泛，而且性能可靠。

在一个爆炸的核心部位，所产生的气体会非常迅速地膨胀起来。怎么才能让某个东西变大呢？把它变成气体，如果是炽热的气体，那就更棒了。气体比固体占据更大的空间（根据一个非常粗略的经验，在常压下，是占据1 000倍大小的空间）。

▷ 当火药燃烧时，木炭中的碳原子会和氧原子结合起来，形成二氧化碳（CO_2）气体。而硝酸钾中的氮原子则变成氮气（N_2）。硫黄也会在硝酸钾放出的氧气中燃烧，为反应增加热量，使反应进行得更快。（这是该过程的一个普通的、典型的版本。实际上，总会有不完整的反应、随机的副产物让事情变得更复杂。）

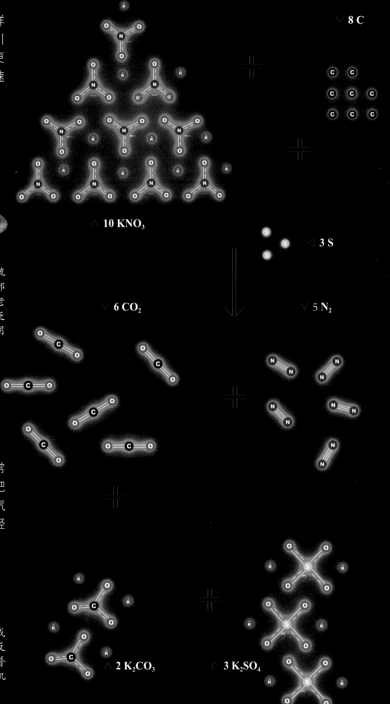

∨ 8 C

△ 10 KNO_3

◁ 3 S

∨ 6 CO_2

∨ 5 N_2

△ 2 K_2CO_3

▷ 3 K_2SO_4

有两个关键性因素决定了某一批特定的火药会以多快的速度燃烧：燃料分子与含有氧元素的分子的接近程度如何，以及需要多长时间才能让反应产生的热量足以把这堆混合物点燃。就像发胶或纸上的火焰一样，火药上的火也依赖链式反应，用反应放出的热量来驱动反应向前进行。

让我们从第一个问题开始：让燃料接近氧气。

▽ 火药是固体颗粒的混合物，每一个微粒都来自3种原料之一。原料研磨的时间越长，颗粒就会越小，而这就意味着（平均来说）燃料分子更容易接近氧气。颗粒越小，燃料分子找到氧气并与之发生反应所需的时间就越短，火药也就烧得更快。

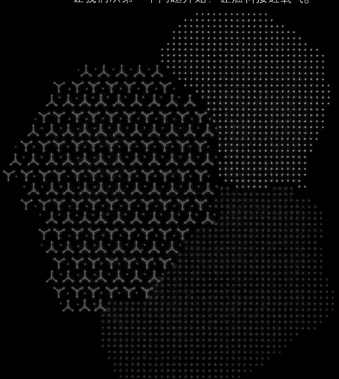

◁ 研磨火药是一件非常严肃的事情。在特拉华河沿岸的火药厂旧址上，3面墙壁是实心的石头墙，而正对河流的那一面墙则是轻质的木头墙。当火药意外发生爆炸时（这是很正常的事情），木头墙壁将被炸飞到河里，而另外3面石墙则会保护工厂的其他部分。然后，他们就会再修建一堵新的木头墙，重新开始做生意。

在自家旁边，那些爱好者会使用右图中的这种小型电动球磨机来研磨他们自己的火药。他们会把球磨机放在一百步之外或者更远的地方，远离其他任何东西。然后，他们会躲在沙袋后面，用一根长长的延长线来给它通上电源。这么干是很聪明的：你可以在远处拔掉插头，关掉球磨机，在安全的距离上躲开爆炸的危险。

接下来的问题是让热量迅速传递开来，这样火药就能在尽可能短的时间里燃烧起来。这主要是关于容器的问题：如何把火药聚拢在一起，直到它们燃烧殆尽为止？

如果你在一个浅浅的小木碗里点燃一堆典型火药，你就会看到一道闪光，而不是爆炸。没有爆炸声，只有一声轻响。这个反应进行得相当缓慢（以爆炸的标准而言），因为一旦火药被点燃之后，它就会四处散开，让热量的传递变得非常低效。从一个事实你就可以看出这些火药的确分散在一个较大的范围内燃烧：它产生了一个1米多高的大火球，并发出了明亮的火光。

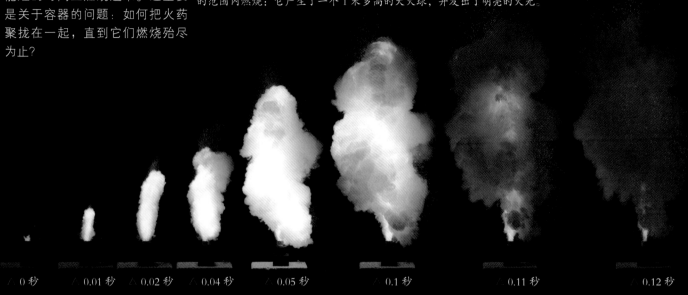

△ 0 秒 　　 △ 0.01 秒 　　 △ 0.02 秒 　　 △ 0.04 秒 　　 △ 0.05 秒 　　 △ 0.1 秒 　　 △ 0.11 秒 　　 △ 0.12 秒

把同样分量的火药放在一根管子的底部，然后用一个弹壳从顶部将其压紧，它的燃烧速度就会快得多。它能够把弹壳射出管子，速度高达 30 米 / 秒。当弹壳飞出管口时，你能听到一声巨响，那就是爆炸的体现。

下列照片的拍摄速度是每秒 480 帧。从这一系列照片中，你可以清楚地看到这一切：弹壳的重量让热量和反应物被压在底部，直到弹壳飞出管口的那一刻。由于反应时粉末无法分散开来，热量能够极快地从一端传递到另一端去。

△ 0.001 秒 　　 △ 0.002 秒 　　 △ 0.004 秒 　　 △ 0.006 秒 　　 △ 0.008 秒 　　 △ 0.010 秒 　　 △ 0.012 秒

△ 哪怕是在枪管里、弹壳底部，我们的目标也不是燃烧得越快越好，而是让火药以适当的速度燃烧，发挥作用。比如，图中这种类型的火药是烟花中的抛射药。它的燃烧速度恰好足以把烟花弹推出发射管，但又要确保不会把发射管或烟花弹本身撕裂。

◁ 而标准的礼花弹发射管并不是用钢铁制造的，它们……实际上是用纸板做的，甚至还不是很厚的纸板。这就意味着在发射管内部发生的爆炸不能产生太大的压强，即爆燃的速度绝对不能非常快。所以，虽然爆燃速度比人类能感受得到的尺度要快得多，也比敞开在空气中燃烧时快得多，但从火药爆炸的时间尺度上衡量，真的很慢。我们会看到，礼花弹大概需要0.01秒（也就是10毫秒）才能飞出发射管。对于另一些爆炸来说，这段时间看起来就像永恒那么长了。

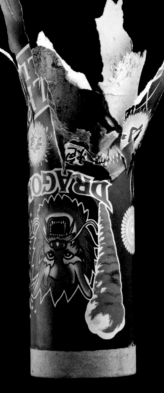

◁ 当人们把闪光粉误认为火药时，可怕的事故就会发生了。比如，把它填入一门礼炮中，以炮声作为运动员到达终点的信号。然后，闪光粉就会把炮管像图中这样炸开。也就是说，会产生上千块炽热的碎片，并以声速飞向附近的人群。

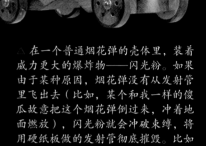

△ 在一个普通烟花弹的壳体里，装着威力更大的爆炸物——闪光粉。如果由于某种原因，烟花弹没有从发射管里飞出去（比如，某个和我一样的傻瓜故意把这个烟花弹倒过来，冲着地面燃放），闪光粉就会冲破束缚，将用硬纸板做的发射管彻底摧毁。比如这个发射管，我们最后也没能找到它剩下的那一半。

◁ 这不是因为爆燃时所释放的能量超过了发射药本身产生的能量，而是因为闪光粉爆燃的速度要比发射药推送烟花弹时快得多。更快的反应速度意味着反应产生的气体没有足够的时间离开发射管，从而迅速产生巨大的压力。

闪光粉就是铝粉和高氯酸钾的混合物，它的反应速度非常快，所以就有了这个名字。不过，即便是闪光粉，在火药之中也只能算是燃烧速度较慢的炸药。和真正快速燃烧的炸药相比，它只能算是个凑热闹的。

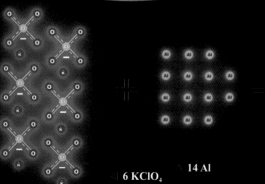

◁ 6 KClO$_4$ 14 Al

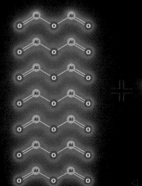

◁ 7 Al$_2$O$_3$

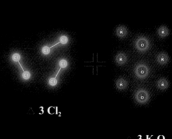

△ 3 Cl$_2$

3 K$_2$O

真正的快速燃烧

硝酸甘油就是高爆炸药的一个典型例子。花一分钟时间来欣赏一下它漂亮而可怕的分子结构。

燃烧所需的氧原子已经和燃料（碳和氢）处于同一个分子之中了。硝酸甘油并不是两种化合物（一种是燃料，另一种是氧气的来源）的混合物，而是由单一的分子构成的，既是燃料本身又是氧的来源。

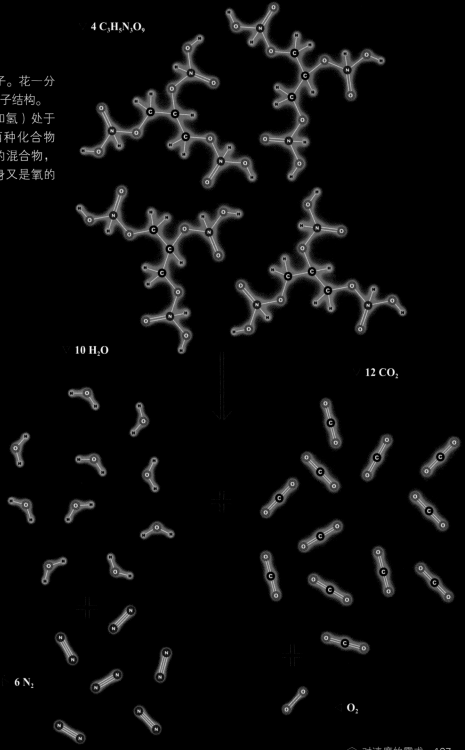

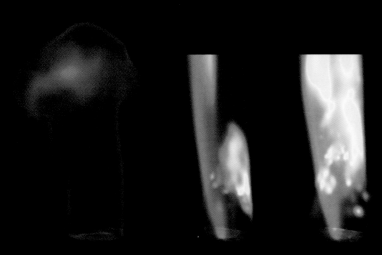

△ 把少量的硝酸甘油点燃时，它的确燃烧得非常快。然而，就像火药在敞开的空间里燃烧一样（参见第 195 页），它并不会真正爆炸。这里，我们已经把氧气和燃料尽可能地移到它们彼此接近的地方，但还有另一个因素制约了反应的速度。

▷ 需要一定的能量来促使硝酸甘油分子解体。在室温下，这个分子是稳定的。（否则，你怎能有一整瓶的硝酸甘油呢？）但在受热之后，这些分子就开始分解并释放热量，而这些热量就会促使附近更多的分子分解，继续释放更多的热量。这就是一种简单而传统的燃烧反应，发生速度比普通物质的燃烧更快，但燃烧速度仍然在根本上受到了限制，因为热量会在整个燃料之中传递。这个反应的确很快，

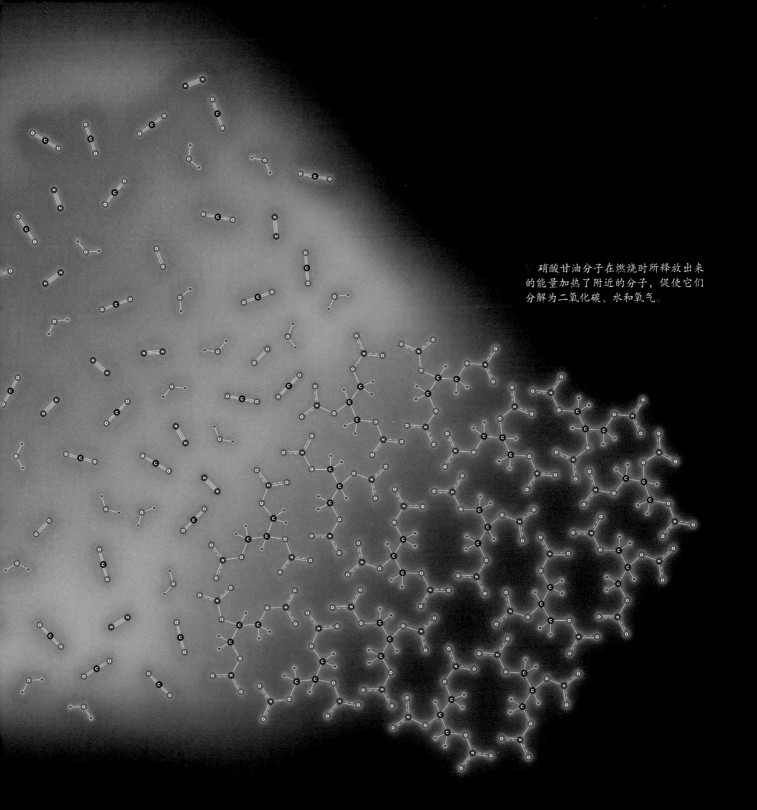

▽ 硝酸甘油分子在燃烧时所释放出来的能量加热了附近的分子，促使它们分解为二氧化碳、水和氧气。

硝酸甘油的燃烧速度相当快，但请小心，这时它还没放开手脚。在适当的条件下（看起来会很有趣），硝酸甘油是会爆炸的。

　　和普通的燃烧相比，爆炸完全不是同一类现象。与缓慢地传导热量相比，爆炸产生的冲击波会以超音速在物质中传播，这个速度快得让人难以置信。对硝酸甘油来说，这个速度是7.5千米/秒。这就使得爆炸波及之处的分子几乎在瞬间就分解了。

　　这有多快呢？假设你手里的这瓶硝酸甘油离地大概有10厘米高。哦，一不小心，你的手滑了，它掉下去了。当瓶子撞到地上时，冲击波从瓶底的液体发出。13微秒之后（微秒就是百万分之一秒），冲击波就会到达瓶口，而瓶子里的所有硝化甘油都已经变成了气态。这些气体（在仅仅13微秒之后，气体可能还在瓶子里头）的温度达到了5 000摄氏度。

　　仅仅几微秒之后，也可能是1毫秒（千分之一秒）之后，这个瓶子就只剩下残渣了。现在速度就快多了！尽管硝酸甘油是最古老的炸药之一，但它依然是已知爆炸速度最快的高爆炸药之一。

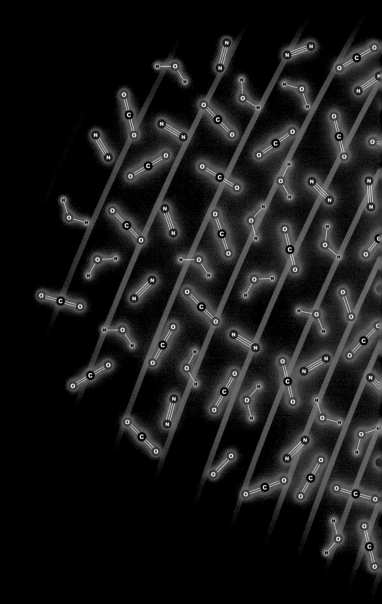

　　分解速度是如此之快，以至于新的气体分子根本没有时间扩散开来。它们创造出了令人难以置信的高气压，这也是维持冲击波所需要的条件。

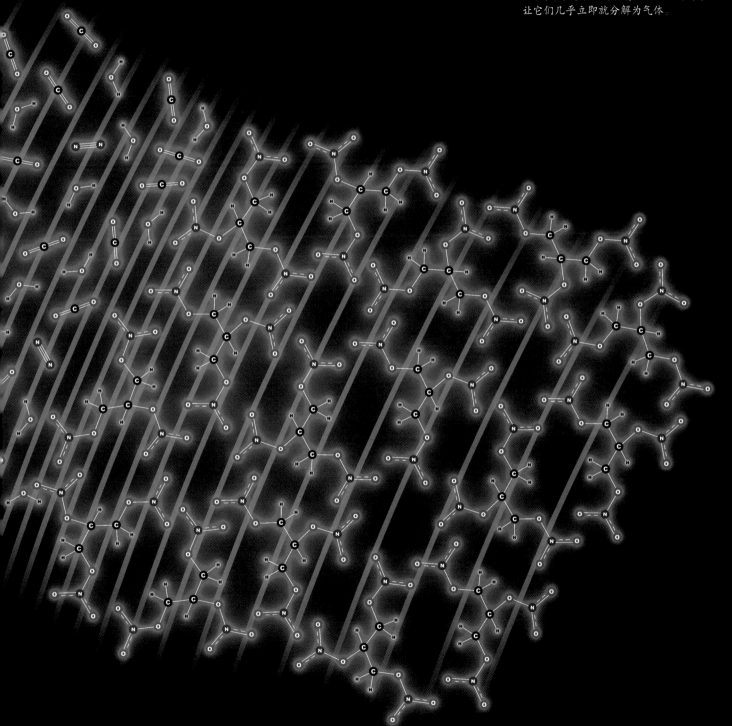

強烈的波冲击搅动着硝酸甘油分子，
让它们几乎立即就分解为气体。

　　这儿有两块钢板。在第一块
上，我们倒上了大概50克火药并把它
点燃。这块铁板就像一个快乐的露营者，
它几乎没能感觉到这点可怜的低爆炸药带来
的微弱影响。

　　我们在第二块钢板上面点燃了20克硝酸甘油
（也就是半条炸药的量）。这块钢板今天过得很不
开心，因为硝酸甘油是一种高爆炸药，反应速度是
火药的上千倍。

　　当火药这样的低爆炸药在敞开的空间里燃烧
时，它只会简单地挤开周围的空气。附近区域的压
力会有所增加，但增加得并不多，因为周围的空气
并不需要以超音速（这也是冲击波在空气中传播的
自然速度）移动。

　　而高爆炸药就会突破音速，它会如此迅速地产

生气体，周围的空气完全来不及分散开。因为惯性
的作用，围绕着高爆炸药的空气分子就会发挥墙壁
一样的作用，其强度甚至比最坚硬的钢铁还要大。

　　为什么我可以说这堵空气墙比钢铁还要结实
呢？看看这块钢板就明白了。钢板凹凸不平，是因
为爆炸后气体挤压了钢板，而不是挤压它上方的空
气，以更快的速度扩散开来。

速度最快的化学反应

在这一章介绍的反应中，速度越来越快了。现在到了大结局的时候。世界上最快的反应或许是某种超级炸药爆炸？还是黑洞爆发？不，就是普通的水而已。

和任何其他"最快""最大""最高"之类的事情一样，人们的评价总会吹毛求疵。比如，建筑物的尖顶是算作它高度的一部分还仅仅是一个装饰？光激活的反应能否算一个反应？我并不想纠缠于这些争论，因为我觉得我计划命名为"速度最快的化学反应"比它的任何一个竞争者都要更接近生活，也重要得多。

对于速度最快的化学反应，我认为候选者应当是两个水分子之间的氢离子交换。

在讨论糖的溶解时，我们学习过氢键的概念（见第102页）。正如我们看到的那样，水分子之间能够形成氢键，制造出一个水分子交联形成的网络。这些网络的重要性不容小觑，它对于水的化学、物理性质产生了许多微妙的影响，比如一个很明显的现象——浮冰。

当你把一杯水从室温开始冷却时，随着它逐渐变冷，它会越来越致密。这一点和其他液体很相似。然而，当水冷却到4摄氏度时，它内部的结构开始影响全局，扭转了这个趋势。在这个温度下，水的密度反而会变小。当水凝固成冰时，这种结构就会占据整个水体的大部分，密度猛然下降。这和其他所有液态物质都非常不同。

这种作用的实际效果就是让冰能够漂浮起来。不仅如此，非常冷、几乎结冰的水体会形成密度更小的一层漂在冷水上面。这就是在寒冷的气候下，湖泊在冬季保持不结冰的唯一原因。这也是世界上淡水中的诸多生命能够在寒冷冬天存活下来的唯一理由。

为什么水分子会聚集在这种紧密结构之中？这儿存在一个矛盾，水分子总是不断地撕开对方（或者说友好地与对方分享彼此，这跟你看问题的角度有关）。

△ 水的力量与威严从来都是不可能被忽略的。从一个年轻的孩子第一次踏入浩瀚的海洋，到一个暮年的老者倾听波涛的回声，我们本能地知道水是应该被珍惜的。

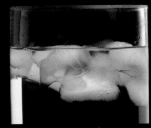

△ 水分子总是倾向于彼此排成一列，让氢原子处于两个水分子各自的氧原子之间。在高温下，这种排列非常短暂。但随着水变冷，在越来越长的时间里，水分子会被锁在半晶体环状和小规模的晶簇中。这些结构的密度比液态水更小（关于它们的样子，见第100页的图）。

△ 对于这种情况，一种常见的描述方式是水分子分裂为两个孤立的离子：一个带正电荷的氢离子（H^+）和一个带负电荷的氢氧根离子（OH^-）。对于纯水样品而言，在任意时刻，在大约1000万个水分子中就会有一个以这种方式分裂开来。

不过，这是一种高度简化、程序化的描述方式。实际上，水分子并不会像上图所示的那样把自己分裂开来。这是在忽悠你呢。

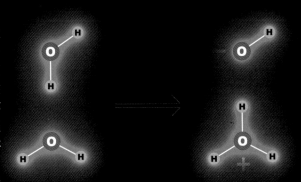

△ 这张图片要更接近真实状况。它显示的是一个氢原子从一个水分子中传递到另一个水分子中，形成了一个氢氧根离子（OH^-）以及一个所谓的氢离子（H_3O^+）。这种呈现方式是教科书中最常见的一种，许多老师还会坚持说，你不应该把水中的氢离子写成"H^+"，而应该写成"H_3O^+"的形式，以强调如下事实：氢离子从来都不能够自由移动。

这种表现形式并没有完整地揭示事情的真相，但它的确证明了氢键存在的原因。想象一下，氢离子并不是只能在两个水分子之间交换一次，而是可以非常迅速地反复交换。通过交替拉拢这个氢离子，这两个氧原子就彼此朝向对方了。

这种交换的速度快得令人难以置信。氢原子是所有原子中最轻的一种，所以它们的移动比其他原子更快。同时，氢氧键本身也很强，这意味着它们对很轻的氢原子的拉拢作用很强。一个氢原子从一个氧原子上交换到另一个氧原子上，大概只需要 0.000 000 000 000 05 秒时间。这是任何有意义的化学反应中最快的一种，而正是这种超快的速度赋予了水独特的物理性质和化学性质。

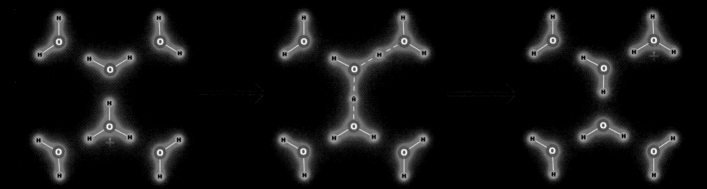

△ 上面这张图让 H_3O^+ 离子看起来像真实存在一般。这也是你在许多教科书中得到的印象。然而，事实上并没有 H_3O^+ 离子能保持足够长的时间，能让我们将其视为真实的存在。H^+ 离子的交换速度几乎和 O-H 键的振动一样快。换句话说，氢离子在水分子之间跳来跳去的速度和 O-H 键的振动速度差不多。

这不仅仅会发生在一对水分子之间。实际上，当氢离子回到第二个水分子中时，它很可能不是被反弹回它的起点，而是撞上另一个水分子，撞掉这个水分子上连接的氢原子。那个被取代的氢原子则会撞到第三个水分子上，以此类推。

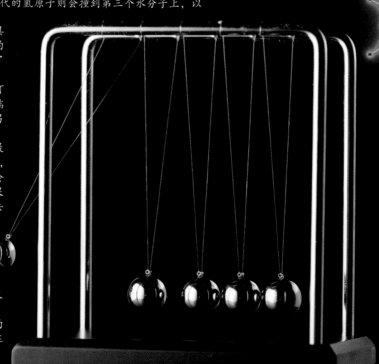

▷ 图中这个玩具被称为"牛顿的摇篮"，展示了"反弹的能量"。这种能量几乎可以在瞬间从一端的链球传递到另一端的链球上。当一个球撞击最右边的那个球时，最左边的球就会被弹开。（如果你没见过，请去网上找一段视频来看：如果你是第一次看到，就会感慨于它既有趣又令人惊讶。）

类似这样的弹跳链也出现在氢离子的传递上。

△ 当一些水分子恰好排成一列时，它们就形成了所谓的"质子高速公路"。在这种情况下，氢离子的交换几乎可以在瞬间发生，所产生的直接效应看起来就是：一个氢离子从"公路"的一端开始移动，在另一端会有另一个氢离子移出去，而实际上没有任何一个氢离子的移动距离超过两个水分子之间的距离。

这就像"牛顿的摇篮"那样，当你从一侧放开一个球时，却能在另一侧弹起另一个球，而所有的球都没有从一侧移动到另一侧。

在计算机模拟实验中，人们研究了这些"质子高速公路"的存在与否、长度和持续时间等问题，表明这是一件真实存在的事情。这也解释了为什么一些很重要的反应在水中发生的速度比我们预期的要快得多。

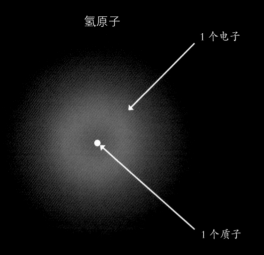

氢原子

1 个电子

1 个质子

你经常听到化学家们把氢离子叫作质子，就像我们在前一页中所讨论的"质子高速公路"。那就是它字面上的意思。一个中性的氢原子包含一个质子（带1 单位正电荷），它位于原子核中，而原子核周围则围绕着一个电子（带 1 单位负电荷）。如果你拿掉电子，就得到了一个氢离子，所剩下的实际上就是位于原子中心的那个质子。一个氢离子实际上就是一个单独的亚原子粒子。因此，它比其他原子或粒子都要更小、更轻。

正如我们已经说过的那样，在任何时间里，在大约每 1 000 万个水分子中，平均都会有一个分裂成氢离子和氢氧根离子。这就意味着，哪怕是在纯水之中，总有一定浓度的氢离子存在（确切地说，浓度是一千万分之一）。氢离子就是将溶液定义为酸性的东西，所以，纯水也是酸性的吗？嗯，在同样的纯水中也包括浓度完全相同的氢氧根离子，而氢氧根离子则是将溶液定义为碱性（与酸性相对）的东西。那么，纯水是碱性的吗？

实际上，纯净的水既有酸性又有碱性。它具有同等浓度的氢离子和氢氧根离子，我们将其称为"中性"，是因为这两种离子谁也不比谁多，但不要让这个词把你弄糊涂了。在"是不是酸"或"是不是碱"的层面上，纯水并不是中性的。只是因为纯水在酸性和碱性的程度上完全相等，所以你就不能说它是其中的任何一个。

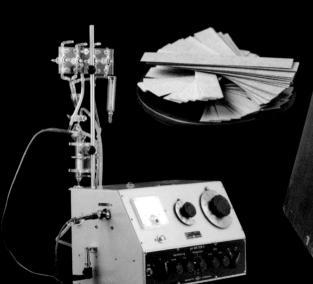

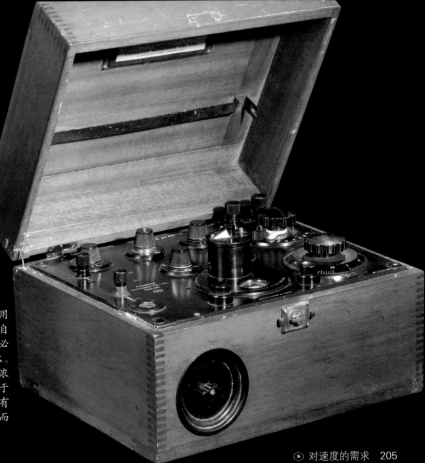

pH 试纸和 pH 计可以用来测量水样中氢离子的浓度。用它们可以测出这个浓度，然后把测得的样品的浓度值取自然对数，再加上负号。如果你不知道这意味着什么，不必担心。如果你知道，那么你现在就知道这个"p"代表什么。对 1/10 000 000（一千万分之一，也就是纯水中氢离子的浓度）取自然对数，得到的结果是 -7，所以纯水的 pH 等于 7。（现代的 pH 计都是用廉价的塑料做成的，而我手里有一些古老的版本，这些科学仪器看起来更像那么回事，而不像一台 GameBoy 游戏机。）

酸和碱是能够提高或降低水中的氢离子浓度的物质。酸溶解于水时会释放出氢离子，从而增大氢离子的浓度；而碱可以直接与氢离子发生反应并将其吸收，也可以通过释放氢氧根离子，使其与氢离子发生反应并形成水，从而降低水中氢离子的浓度。

如果你把等量的酸和碱加入同一水溶液里，它们就会彼此"中和"。比如，你把等摩尔量的盐酸（HCl）和氢氧化钠（NaOH）同时溶解在水里，从酸里释放出的氢离子就会和从碱里释放出的氢氧根离子发生反应，制造出一点点水来。你只会留下一些氯离子（Cl⁻）和等量的钠离子（Na⁺），此刻就跟你把一些食盐（NaCl）溶解在水里的效果是完全一样的。换句话说，你用两种危险的、有腐蚀性的化学物质制造出了人畜无害的水来。

我刚才说从酸里释放出的氢离子和从碱里释放出的氢氧根离子发生反应，但这并不是对该过程的精确描述。

在室温下，氢氧化钠是固体，所以这张图更贴近事实。当然，与本书中的其他插图一样，这张图忽略了一个事实：所有的固体都有三维结构，而不是平面的。

纯氯化氢（HCl）实际上是一种气体。它可以在室温下溶解于水中，以液态形式存在（实际上形成了盐酸）。所以，这张图不能仅仅从字面上来理解。

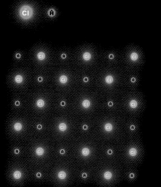

"质子高速公路"的存在意味着酸和碱的中和可能会在一段距离之外发生，而无须两种物质真正碰到一起。从盐酸释放出一个可用的氢离子并进入了"质子高速公路"的这一端。突然，一个可用的氢离子却从"公路"的另一端被释放了出来，准备和氢氧根离子发生"中和"；而此刻并没有任何一个氢离子走完了这条"质子高速公路"的全程。

采用这种方式，酸和碱发生"中和"的速度能够提高数百倍之多。

水中氢键形成的网络以及水和其他分子之间的作用，对于生命而言非常重要。如果没有这种作用，想要列出所有的生化反应，就会容易得多，而讨论它是何等重要的因素也就没有意义了。

以水来结束我们对化学反应的探索应该是很恰当的，因为没有其他物质能够像水一样深深地融入我们的身体、我们的灵魂、我们的想象力和我们的艺术之中。这种物质与其重要性是如此相称，因为在人类的各个文明都认识和敬畏这种物质，将其视为所有生命的给予者、支持者之前，它本来也就是这样的物质。

水既是一种酸又是一种碱，从这些技术名词的含义上说，的确如此。它是一种强大的溶剂，它参与了生活中的所有反应，可以作为反应物、反应产物或溶剂。水，作为一种化学物质，在本质上又是如此特殊。这是多么神奇的事情啊！我们每天都可以喝水，实际上我们也必须每天喝水。水，既是我们的身体组成成分，又是我们赖以生存、享受各种化学物质和它们之间神奇的化学反应，以及我们生活的方方面面的终极证明。

致 谢

很多人在本书的写作过程中给予我帮助，还有很多人直接催生了本书的出现。

首先，也是最重要的，我必须感谢马克斯·惠特比（Max Whitby）和尼克·曼（Nick Mann），这两个人的帮助使得本书的出现成为可能。我和马克斯的长期友谊可以回溯到《视觉之旅：神奇的化学元素》成书之前很多年。当我写《视觉之旅：神奇的化学元素》时，他又为该书提供了大量的图片。尼克则为本书和之前我的多本图书拍摄了照片。即使把他们对本书的贡献一一列出，也难免挂一漏万。

我要感谢巴萨姆·萨卡斯瑞（Bassam Shakhashiri）多年来在工作中对我的支持，特别要提到杰瑞·贝尔（Jerry Bell）。作为共同作者，他在上述图书写作被延迟的时间里，和我一起工作了一年。杰瑞努力地让我在对化学概念的描述中保持坦诚，最后还用一种很有寓意的方式向我解释了熵的内涵。他加深了我对化学的理解。

我的编辑贝姬·高（Becky Koh）一直给我坚定不移的支持，即便我曾让她失望——先是把这本书的写作束之高阁长达一年之久，然后又是拖到最后一刻方才交稿，让她怀疑我还能不能交出任何文字来。她的支持应该得到极大的称赞。（此外，她还说服我修改了第二本书的名字，那当然是一个更好的名字。）

我极好的朋友玛丽贝尔（Maribel）做的奶油布丁展示了烹饪的危险，她还帮助我恢复了精力，让本书的出版成为可能。没有她，贝姬可能今天还在苦苦地等待我的手稿。

我的小女儿艾玛现在已经长大，可以真的帮上忙了。她替我画了一幅压抑的画面，说明生活的徒劳，并画了那幅用竹子折磨别人的插图。我的儿子康纳也提供了很多帮助，让我们借用他的头发去摩擦气球，以演示静电作用。我的大女儿安迪慷慨地同意我们在她的宿舍里安放一台缝纫机，这样我在去苏格兰旅行的途中就能捎上它了。这节省了大量的运费，虽然我认为如果算上念大学的费用，可能还是把缝纫机直接快递到那儿更便宜点儿。

费欧娜·巴克利（Fiona Barclay）在诸多方面对我都帮助良多，最明显的就是帮助我们找到了许多我们自己无法拍摄的照片（诸如历史事件的照片），还有她在化学方面的专长也给了我很大的帮助。她还帮我们联络到了卓·加德纳（Drew Gardner）。

明火烟花技术公司（BrightFire Pyrotechnics）的麦克·山森（Mike Sansom）先生所做的事情远远超出了他的职责范围，包括拍摄硝酸甘油的燃烧和火药、炸药在钢板上爆炸的画面。他还拍摄了我所见过的最漂亮的烟花的照片。

卓·布雷（Drew Berry）绘制了那些漂亮的纤维素合成的图片。乔纳森·马修（Jonathan Mathews）送来了关于典型的煤炭分子结构的文件（感谢他为我节省了那么多的工作时间），尽管我不认为这种结构真的存在。布拉克斯顿·科利尔（Braxton Collier）发明并使用了一种有趣的新技术，用来绘制原子和分子轨道，并在第 2 章中用于说明键合和成键电子的构型。

除了尼克之外，我还有幸与其他几位出色的摄影师共事，其中包括迈克·沃克（Mike Walker）。我在为《大众科学》（*Popular Science*）的专栏写作时，他与我合作多年，并为本书提供了许多照片。卓·加德纳（Drew Gardener）拍摄了铝热反应的可爱画面，而格雷姆·贝利（Graham Berry）则负责拍摄其他许多照片。查克·肖特维尔（Chuck Shotwell）只提供了一张单独的照片，但他对我提升摄影艺术欣赏水平帮助不少。

马修·考克雷（Matthew Cokeley）担任了这本书以及我的其他图书的设计和排版工作，对于我这些年的工作贡献巨大。